本书出版受到国家自然科学基金面上项目

"突发新型重大传染疫情关键期防控能力与管控策略研究"（批准号：72074110）和
"基于灾区自救视角的突发灾害社区抗逆力研究"（批准号：71673130）的资助。

公共安全
突发灾害社区抗逆力研究

朱华桂　著

南京师范大学出版社

图书在版编目(CIP)数据

公共安全：突发灾害社区抗逆力研究 / 朱华桂著
. —南京：南京师范大学出版社，2021.7
ISBN 978-7-5651-4775-3

Ⅰ．①公… Ⅱ．①朱… Ⅲ．①自然灾害－自救互救－
研究 Ⅳ．①X43

中国版本图书馆 CIP 数据核字(2020)第 255192 号

书　　名	公共安全：突发灾害社区抗逆力研究
著　　者	朱华桂
策划编辑	朱海榕　李思思
责任编辑	李思思
出版发行	南京师范大学出版社
地　　址	江苏省南京市玄武区后宰门西村 9 号(邮编：210016)
电　　话	(025)83598919(总编办)　83598412(营销部)　83373872(邮购部)
网　　址	http://press.njnu.edu.cn
电子信箱	nspzbb@njnu.edu.cn
照　　排	南京开卷文化传媒有限公司
印　　刷	南京爱德印刷有限公司
开　　本	710 毫米×1000 毫米　1/16
印　　张	15
字　　数	277 千
版　　次	2021 年 7 月第 1 版　2021 年 7 月第 1 次印刷
书　　号	ISBN 978-7-5651-4775-3
定　　价	88.00 元

出 版 人　张志刚

目　　录

第一章　社区抗逆力及构念因素

作为社会的细胞,社区是社会组织"金字塔"的奠基层。作为政府部分职能的承担者和社会资源的承载者,社区位于社会抗风险的前沿,是社会风险管理的基石。增强社区的抗逆能力,对于提高社区的自保自救能力,促进整个社会风险管理水平进步具有重要的理论与实际价值。本章以社区作为研究对象,科学界定出能够反映社区抗逆力本质内涵的概念和核心属性;解析社区抗逆力的内部和外部要素,并从人口、经济、制度和物理四个因素探究社区抗逆力的构成因素。

第一节　社区抗逆力

一、抗逆力

抗逆力(Resilience),台湾学者称之为"复原力",香港学者称之为"抗逆力""压弹",大陆也有学者称之为"弹性""韧性"。抗逆力一词来源于机械力学与工程学,表达的是一个物体在受到外力产生形变没有断裂的情况下恢复到初始状态的能力,后来被用到心理学领域,表达个体在面对苦难和挫折时的适应和反弹能力。

就研究学科领域来看,抗逆力的研究已经涉及物理学、生态学、心理学、社会学,以及灾难学等多个学科领域。物理学领域中的抗逆力以物质为承载主体,表示物质受到外力产生形变时不会折断,且恢复到初始状态的能力;生态学领域研究生态系统的抗逆力,表示系统面对外来破坏时保持并还原到平衡状态的能力;心理学领域中的抗逆力则以个人心理为主体,表示个体面对挫折的心理适应能力;灾难学领域的抗逆力研究起步较晚,借鉴其他学科领域的研究成果从而引入了抗逆力的概念,以组织或群体作为抗逆力的研究对象,将抗逆力概念用于研究组织面对风险事件的恢复能力等。

就抗逆力研究的范畴来看，目前国际上学者对于抗逆力的研究大致可以分为三个范畴，分别是生态系统范畴、社会系统范畴，以及由卡特(Cutter，2010)等人将以上两个领域结合而开创的灾难范畴研究。

就抗逆力的承载主体规模而言，抗逆力又可以分为个体抗逆力、社区抗逆力、国家抗逆力甚至全球范围的抗逆力。

表1-1列举了各个层面的代表性学者在抗逆力研究中对于抗逆力定义的阐述。

表1-1　抗逆力概念综述

提出者及年份	分析层面	定义
戈登 (Gordon，1978)	物理	物体受到外力作用下，在未断裂的前提下反弹到原状的能力
博丁 (Bodin，2007)	物理	在不考虑振幅的情况下，系统发生位移之后恢复到平衡状态的速度
霍林 (Holling，1973)	生态系统	当一个系统在状态变量和参数驱动等的变化下仍然能保持平衡的能力
伍勒 (Waller，2001)	生态系统	积极响应逆境的一种能力，并非一种静态的属性
朗斯塔夫 (Longstaff，2005)	生态系统	个体、群体或组织在遭受变故时尽量维持稳定的能力
阿莱恩斯 (Alliance，2006)	生态-社会系统	一个系统在遇到障碍或重组后进行调整，保持基本相同的功能、结构和反馈，尽量保持原状的能力
马斯滕 (Masten，1990)	个人	在面对挑战和威胁的时候，成功的适应过程、适应能力以及最终的结果
埃格兰 (Egeland，1993)	个人	面对长期压力和高风险情境以及危机情况下表现出来的成功的适应能力、积极的响应能力和竞争能力
勃特勒 (Butler，2007)	个人	在不利情况下，能从容应对挑战，并迅速复原的能力
佩顿 (Paton，2000)	社区	面对危害时，有效利用物理和经济资源帮助复原的能力
克莱因 (Klein，2003)	社区	系统在面对突然变化时，迅速恢复到初始状态的能力
加诺 (Ganor，2003)	社区	个体、社区抵抗连续的压力的能力；通过挖掘自身内在资源的能力来增强应对的有效性；适应性和灵活性的应对措施

提出者及年份	分析层面	定义
艾哈迈德 (Ahmed,2004)	社区	材料、物理结构、社会政治、社会文化和心理资源等一系列资源的发展情况对于促进安全的居民建设、缓冲逆境的作用
雅多嘉 (Adger,2008)	社会	社会单位抵挡外界冲击其基础设施的能力
布鲁诺 (Bruneau,2003)	社会	社会单位减轻灾难破坏程度,采取积极措施使灾难可能造成的社会破坏降到最小的能力

通过对上述定义的比较与分析,可以发现虽然各个学科领域的抗逆力概念在承载主体和运用层面方面存在差异,但是它们存在以下共性:一是抗逆主体将面临困境、灾难等不利局势的风险威胁,二是抗逆主体在面对风险时表现出良好的适应性和恢复能力,三是更关注抗逆主体自身可以运用的资源。

在抗逆力的概念界定过程中,需要明确两点:其一,是抗逆力的作用过程及作用形式如何界定;其二,是抗逆力的作用结果如何界定。

对于抗逆力的作用过程,学界有两种不同观点:一种认为抗逆力作用于灾难发生之后,反映的是系统遭遇打击之后进行事后补救、恢复的能力;另一种认为抗逆力的作用贯穿灾前、灾中、灾后全过程,反映了系统应对突发事件的综合能力。出于研究的全面性,尽可能使得抗逆力概念涵盖社区抵抗灾害的整个生命周期中反映出的能力,本书选取学界的第二种观点,即广义抗逆力的观点,认为社区抗逆力的作用贯穿灾害管理的全部生命周期。

对于抗逆力的作用形式,一般也有两种理解:一种观点与工程机械力学中的抗逆力相似,认为抗逆力会促使系统保持或恢复原状,系统随环境做出改变是抗逆力不足的表现;另一种观点与生态系统的抗逆力相似,认为抗逆力会促使系统适应环境,系统随环境改变正是抗逆力的体现。由于抗逆力研究主体千差万别,研究范式各不相同,对其研究结果的界定自然不尽相同。同时考虑上述两种情况,诺瑞斯(Norris,2008)认为,"健康就是抗逆力作用的结果",从这个角度来看,可以认为系统保持、恢复原状或随环境而改变都是抗逆力的体现,只要系统能够保持健康运行就说明抗逆力发挥了有效的作用。

对于抗逆力的作用结果,存在三种可能的情形:超越过往水平、恢复到过往水平、低于过往水平。对于这三种结果,有的学者认为恢复到过往水平就是抗逆作用的最好结果,而有的学者则强调抗逆力强的组织可以实现对过往水平的超越。争议产生的原因在于研究领域和层次的不同,区别在于"收益最大化"原则和"损失最小化"原则。"收益最大化"原则通常应用于个体心理和企业管理等领域,强调抗逆力对主体的成长促进作用,认为抗逆力将为个体、企业带来心理资本或管理经验,使得个体或企业获得超越过往的个人能力或管理水平。例如,个人心理学领域的大多数学者相信抗逆力的提升有助于增加个体的心理资本,因此认为抗逆力的作用结果应该超越过往水平;在企业管理领域的组织抗逆力研究中,因为要坚持收益最大化,所以也倾向于认为抗逆力的作用结果可以超越过往水平。"损失最小化"原则通常应用于应急管理领域,强调抗逆力对主体的抵抗修复作用,认为抗逆力将帮助主体抵抗、减轻突发灾害或从中恢复,使得主体功能回到过往水平。本项目的研究集中于应急管理领域,而社区在恢复到过往水平之后继续超越的过程,不符合最小化损失的逻辑与应急管理的运行机制,故而选取了"损失最小化"原则作为本研究的假设,在后文的研究中亦对"功能水平超过过往水平"的过程不做考虑。未恢复到过往水平的情境如无特殊情形就是抗逆力不足的表现,而特殊情形则代表了一些永久性、极端性的伤害,在这种情形下,抗逆力的强弱已不是主要因素。

综合以上,本书将抗逆力定义为"系统抵抗、减轻突发灾害并从中恢复的能力",从作用过程来看,其作用贯穿灾前、灾中、灾后全过程,反映了系统应对突发事件的综合能力;从作用结果来看,基于"损失最小化"原则,强调抗逆力对主体的抵抗修复作用,认为抗逆力将帮助主体抵抗、减轻突发灾害或从中恢复,使得主体功能回到过往水平。

二、社区

社区是社区抗逆力的承载主体,要界定社区抗逆力,就要明确社区的定义。

社区在地理上并不是一个划分明确的概念,其概念界定得到了学界的广泛讨论。社区(Community)一词最初由德国社会学家滕尼斯提出,将其定义为"在一定的区域内聚集生活在一起的共同群体"。滕尼斯在《社区和社会》一书中探讨"生活共同体"时提出了"社区"的概念,他通过研究传统社区,发现了工业化进程对当代社会的冲击,描述了当代社会时代变迁的趋势。此后,经过不同国家、不同学者的翻译和转译,社区的概念相比于最初的定义已经有了较大的发展,不同国家、不同领域的学者根据研究需要,从不同规模、不同角度对社区进行了不同的界定和定义。据不完全统计,目前有关社区的定义已达150余种,可以大致分为狭义的社区和广义的社区。

1. 狭义的社区

狭义的社区以中国社会目前常用的社区概念为例,中办发(2000)23号文件借鉴了社会学对于社区的研究理论,又结合中国的实际国情,将中国的社区定义为"聚居在一定地域范围内的人们的共同体"。在中国,"社区"一词最早出现在1986年,表示一个在一定地域范围的群体,具有较多的资源联系和社会互动,通常与行政区的划分挂钩。我国通常把社区狭义地理解为社区居委会,很多城市的社区居民住户数量一般在1 000户左右。

2. 广义的社区

美国政治理论家麦基文认为,社区是指任何有一个群体共同生活的范围,在地理上表现为一定区域,比如村庄、城镇,也可以是地区、国家,甚至更广大的区域。世界卫生组织在社区卫生范畴内,将社区定义为:在一个固定的地理区域范围内,该社会团体的成员彼此认识,存在社会互动,共同行使社会功能,创造社会规范,最终形成共同的价值体系和社会事业。

综合现有研究对于社区概念的研究,本书对于社区采用了较为广义的定义:"一个拥有特定地域聚落并分享命运的实体。"这一定义没有对社区的概念做出过多限制,是一个抽象的社会概念。广义的社区主要包含地域因素、纽带作用、群体因素三个方面的特征。

从地域因素上看,社区可以是一个面临火灾的楼栋、经历爆炸的小区、发生疫情的村落、饮水污染的城市或者遭遇地震的更大区域,地域范围可以根据面临的突发事件具体情况进行灵活调整。

从纽带作用上看,社区里的人与人之间、人与物之间都有一定的互动关系。这些互动关系形成的社会联系能够把不同的个体聚集在一起,使得社区居民在某种程度上具有相同或相近的兴趣爱好和价值观体系,在行为上形成相似的社会风俗和生活习惯,在精神上对于共同居住的社区产生归属感和认同感。社区联系包含生活服务、心理关爱、经济发展或物资共享等各种联系类型,只要存在社会联系,即认定命运相关,符合"共享命运"的条件。

从群体因素上看,本书也未作过多限制,存在聚落实体即认定符合社区定义。一方面,社区群体包含社区成员构成的"群体",即社区人口;另一方面,社区群体还包括与群体相关联的聚落资源和聚落环境,也可以称之为社区资本,主要包括生活、医疗、教育、信息传递、救灾等各方面的资源与环境,社区资本越完善,对建造良好安全的社区越有效。

有组织的自救必须立足于灾害发生地——社区(灾区)。作为社会的细胞,社区是社会组织"金字塔"的奠基层,它既是一定人群的聚落地,又是政权管理的基层组织,是社会、政府、个人联系的纽带。随着自然灾害突发强度、频度和广度的不断增长,以社区为单位进行自然灾害的预防、准备、减缓、控制工作已然成为灾害管理工作的重点。也正因为如此,国家减灾委员会基于社区这一重要的减灾防灾战略地位,制定了《全国综合减灾示范社区创建管理暂行办法》,并印发《全国综合减灾示范社区标准》,从政策指导、减灾备灾、灾害救助等多方面鼓励城乡社区减灾工作的开展。从这一角度来看,社区抗逆力的研究在社区防灾、减灾工作方面具有重要的实际意义。

三、社区抗逆力

自20世纪90年代以来,国外的抗逆力研究主体规模逐渐由个体转向集体或组织层面,已经开始以一种交互性的视角来探讨在风险情境下人与人、人与资源、人与环境之间的相互作用以及在这种作用机制下如何实现抵御风险能力的获得与提升。本书将以社区作为抗逆力的承载主体,由此引出社区抗逆力的概念。

社区抗逆力的研究是对个体心理抗逆力研究的拓展,二者具有共性也存在异质性。共性是二者都把抗逆力看作遭受风险时状态恢复的特质、能力以及过程,而异质之处在于二者的主体不同,个体心理抗逆力的主体是个人,而社区抗逆力的主体是特定规模的社会组织。因主体的不同,二者在抗逆情境与抗逆过程中也存在明显差异。对于个人来说,诱发抗逆力作用的风险情境主要是个人所遭遇到的危机、压力与伤害性事件;对于社区来说,这种风险因素主要是社会风险,比如自然灾害、群体性事件、流行性疫情等。在抗逆过程中,个体调动的资源主要是个人心理资本,通过心理重构获得积极的结果,而社区调动的是区域内的物理、经济和人力资源,通过协调社区内群体人员的合作和各类物资的调度来应对压力,抵抗风险。

本书基于灾害危机情境的应急管理视角,结合社区、抗逆力两个核心概念的内涵,得出社区抗逆力的一般性定义:"一个拥有特定地域聚落并分享命运的实体有效利用各种资源成功适应和应对社会风险,迅速恢复功能,达到过往水平的能力。"该定义具有较广的范畴,所以也具有较好的通用性和延展性,一方面对各类形态的社区、各种抗逆形式都能够起到比较好的概括作用,另一方面为构建社区抗逆力通用评价体系与量化模型提供了便捷。

具体来说,社区抗逆力表示社区在应对诸如地震、洪水、泥石流、火山爆发、流行性疫情等突发灾害时的快速反应能力、自救能力、恢复能力、重建能力和预防后期灾害的能力,是一种贯穿灾前、灾中和灾后的防灾抗灾能力,是一种广义的抗逆力。与此前的社区风险研究不同,社区抗逆力的重点不在于分析社区致灾因子,而侧重于社区如何利用自身资源进行防灾抗灾。

四、社区抗逆力量化特征

社区抗逆力的一般性定义十分抽象,为了便于实现对社区抗逆力的量化研究,除了分析其一般性内涵,还需要细化它的操作性定义,也即量化特征,以此来具体描述社区抗逆力的特征、指标,以利于衡量检验。

社区抗逆力的强弱主要体现在三个方面:第一,抵抗灾害能力的强弱——在灾害发生时能否迅速做出反应,将灾害带来的损失降到最低,反映为抗逆力的作用结果;第二,灾后重建能力的大小——能否在灾后迅速重建并尽快恢复灾前的稳定和繁荣,反映为抗逆力的作用时间和作用轨迹;第三,对灾害预防能力的高低——能否在灾前避免或减少灾害可能造成的损失,反映为社区的脆弱性。

所以,衡量一个社区在风险情境中抗逆力的大小可以从以下四个方面进行分析:抗逆力的作用结果、抗逆力的作用时间、抗逆力的作用轨迹、社区的脆弱性。

(1)社区抗逆力的作用结果即社区功能恢复的水平,本书不研究超越过往水平的情况,只研究达到与过往水平相当的阶段。因此,抗逆力的作用结果只有两种:相当或低于过往水平。如果低于过往水平不是由于极端状况造成的,则认为社区抗逆力水平没能达到最优值。

(2)社区抗逆力的作用时间主要是指社区功能恢复所需要的时间,当社区遭受风险冲击后,恢复到与过往同样水平所需的时间越短,则抗逆力越大。

(3)社区抗逆力的作用轨迹即社区功能恢复的曲线轨迹。在抗逆力的作用时间与作用结果一定的情况下,抗逆力的大小可以用轨迹曲线与百分之百社区功能水平线所组成的面积大小来表示,面积越大,损失越大,则社区抗逆力越小。

(4)社区的脆弱性是社区在面对外界施压时的敏感程度以及恢复、适应或进化的能力,代表在风险面前受损的概率。本章第三节将会对脆弱性概念进行详细解释,并对脆弱性和抗逆力的区别和联系进行深入辨析。

五、社区抗逆力属性

抗逆力的作用过程是社区内部和外部各种因素相互作用的过程,社区抗逆力的大小正是各种因素相互作用的结果。一个社区在产生抗逆力的过程中所需要的属性被称为社区抗逆力的核心属性,核心属性能够反映社区抗逆力核心特征的性质。根据诺瑞斯(Norris,2008)所述,社区抗逆力的核心属性可总结为"4R",分别是社区的稳健性(robustness)、快速性(rapidity)、冗余性(redundancy)和外部支持性①(resourcefulness)。

社区稳健性是指社区抵抗一定强度水平的压力而没有发生功能退化或损失的能力,同时还被用来表明资源的强度,即资源被破坏的概率。提高资源的强度往往有助于提升社区的稳健性。以火灾为例,使用防火建筑材料建造的社区将会有效降低火灾发生的可能性,即使发生火灾也能够有效控制火灾蔓延范围,在应对火灾时具有更强的稳健性。

社区快速性是指社区及时控制损失以完成任务和目标的能力。提高人力资源和物力资源的敏捷性往往有助于提升社区的快速性。以火灾为例,在社区中合理安置防火隔离门和灭火器械,有计划地组织防火演习,训练社区成员掌握消防技能和火灾自救技能,这些措施都将有助于社区在火灾发生时缩短响应时间,迅速获取灭火设施开展急救,控制火情,减少损失,大大提高社区的快速性水平。

社区冗余性被用以表征社区内人员和资源的充裕程度,反映了社区资源遭受灾害打击之后提供备用替换或其他解决方案的能力。提高资源的多样性是提升社区冗余性的一种常用措施。以各类自然灾害为例,建立社区应急储备基金、增加社区应急储备资源、搭建临时避难所,都能促使社区在灾后为居民提供必需的保障,并且使其更快更好地从灾害中恢复。

以上三种核心属性都是社区抗逆力的内在衡量标准,能够有效反映社区内在抗逆力的大小,也被称为"社区抗逆力的内在核心属性"。但是任何一个社会组织都不是孤立的,社区不是一个完全孤立、封闭的系统,它存在于更大的系统中,社区外部的资源、人员、信息等各个因素都会对社区内部产生极大的影响。因此,社区还具有从社区外部获得支持,以抵抗、减轻突发灾害并从中恢复的能力,社区的这一属性表现为外部支持性。外部支持性与社区以往对所在区域的贡献、社区的重要程度、所在区域对其的重视程度以及社区遭到破坏的程度等许多复杂因素有关。

第二节 抗逆力与脆弱性、适应性、恢复性

脆弱性、适应性、恢复性等也是应急管理中的重要概念,它们的内涵和抗逆力存在一定的交叉。本节将对脆弱性、适应性、恢复性的概念进行详细解释,并

---

① 将 resourcefulness 翻译成"外部支持性"的原因如下:首先,这个词在抗逆力研究范畴中表示系统从"外界"获取资源从而抵抗突发灾害、减轻灾害损失以及加速灾后恢复的能力。其次,诺瑞斯的论文指出,这个概念不仅包括物资调度的能力,还包括在风险到来时识别问题、思考解决方案的能力,其概念不仅包括传统的物质资源,还包括运用人员与信息为抵抗风险提供支持的能力,所以翻译为"外部支持性"。

从概念上辨析它们与抗逆力的联系和区别。

一、脆弱性、适应性与恢复性

（1）脆弱性。

脆弱性是指研究对象及其组成要素受到灾害损害的概率。对于灾害系统来说，脆弱性与系统受损的可能性相关，主要是直接损失，所以脆弱性表现为缺乏抗击和灾后恢复的能力。脆弱性主要有两个构成因素：① 致灾因子，也叫外部因素；② 灾害系统缺乏的反应和抗击能力，也称为内部因素。外部因素相对简单，最早出现在地理学的研究文献中，主要有灾害的类型、强度、发生频率及空间分布等，之后有学者简单地把脆弱性定义成"损害的可能性"，而内部因素的组成结构更为复杂，所以影响因素较多。

脆弱性可以理解为系统对外界施压的敏感程度。从脆弱性的构成因素来看，其强弱体现在三个方面：① 系统是否暴露于致灾因子中，即系统是否会受到灾害打击；② 系统自身的反应能力，如果系统自身应对灾害的响应能力较低，则表示脆弱性较高；③ 系统自身的敏感性，表现为系统应对外界变化的稳定性，稳定性较低的系统通常容易在受到灾害打击时出现较大的损失程度，所以脆弱性较高。

脆弱性的研究对象可以是自然系统、人类系统、人与自然复合生态系统、基础设施系统等，取决于不同学科领域的研究需要。社会学和生态学领域的脆弱性研究主要侧重于以人、社区或者生态系统为承灾主体，在灾害背景下进行研究；在经济学领域中，脆弱性主要以经济系统为主体，针对贫困问题展开研究，例如贫困线以下的人口比例、出现贫困问题的可能性等；在大气科学领域研究中，脆弱性主要是指由于气候变化造成的潜在破坏性等。而在灾害危机领域研究中，脆弱性的关键因素有暴露、预见能力、抗击能力等。自从可持续发展概念提出以来，学者们又将脆弱性的研究领域延伸至人与自然的复合型生态系统。在可持续发展项目的研究报告中，明确指出脆弱性是一个关于暴露、敏感度和适应性的多因素函数。

总体上，脆弱性是指系统容易遭受伤害和破坏的一种性质，该性质由多种条件决定，对系统抗击灾害造成消极影响。脆弱性越高的系统越容易遭受灾害的袭击和破坏。

（2）适应性。

适应性是指系统应对外界波动时不断调整、完善自身的能力。学术界认为适应性发挥作用的直接结果就是降低脆弱性，因此把由于适应能力的改变而降低脆弱性的过程称为适应过程。适应性的外在表现为系统积极应对外界变化而减少损失,内在表现为系统快速调动自身资源、调整自身状态以适应环境变化。如果系统受到的灾害频率和灾害强度是一定的,那么增强适应性就能够有效降低脆弱性,提高系统应对灾害的能力;但是如果灾害频率和灾害强度都是变化的,那么系统即使采用适应性策略,也很难降低损害程度。因此,适应性只能看成是辅助降低脆弱性的一种能力。

适应性的评价主要针对灾前的灾害预防准备工作,预防计划制订越详细,预防计划落实越到位,各项灾前预防准备工作越扎实,则社区的适应性越高。在灾害应急管理领域,适应性的增强会在一定程度上降低脆弱性、提升抗逆力。

(3) 恢复性。

恢复性是指承灾主体在受到灾害打击后,尤其是遭受损失和破坏后,能够通过自身的调节来恢复平衡或常态的能力。系统的恢复力越强,则其在遭受破坏后恢复到以前状态所需要的时间越短,灾后恢复的结果越接近灾前的正常状态,就表明可能遭受的潜在影响和损失越少,也说明系统在再次抗击灾害时的脆弱性越低。所以,一方面,系统的恢复速度和恢复水平受到系统之前的脆弱性状态影响;另一方面,恢复后的状态又将会影响系统此后的脆弱性。脆弱性高代表了在风险面前受损的概率大,概率大则被破坏程度就高,系统可获得的反弹恢复资源会变少,因而恢复性会降低。而恢复性较高的系统则会在灾难中恢复得快而好,这会影响到系统在面对下一次灾难时的脆弱性大小。因此,脆弱性和恢复性密不可分,相互影响。从脆弱性和恢复性的关系来看,形成脆弱性的主要原因在于影响社区恢复性的关键因素出现缺失,比如资源匮乏、经济落后、人口教育水平低下、信息传播受阻等。

恢复性通常强调灾害发生后社区的一种属性,灾害发生后社区的经济实力越强、地方政府的支持越多、社区居民的归属感越强烈,社区的恢复能力越强。社区的恢复能力越强,则社区抗逆力水平越高。

从概念上就能看出,脆弱性、适应性和恢复性的关系十分密切,其影响要素的从属关系可以简单表示为图1-1。

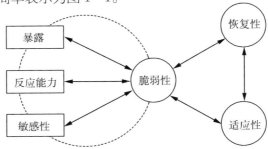

图1-1 脆弱性、适应性和恢复性的关系

总体来说,恢复性和脆弱性之间相互影响,增强应对上一轮灾害时的恢复性能够降低脆弱性,而降低脆弱性又会增强应对下一轮灾害发生时的恢复性,两者存在螺旋状的交互关联。

适应性会影响脆弱性和恢复性,在灾害频率和灾害强度相同的情况下,如果系统的适应性增强,则脆弱性就会降低,相应的恢复性就会增强。

此外,从生命周期的角度来看,脆弱性是贯穿系统生命周期的一种长期属性,而适应性和恢复性则是系统某一阶段的过程属性,这一点将会在第三章进行详细阐述。

二、抗逆力与脆弱性

脆弱性问题一直是风险管理和应急管理领域的重要问题,其研究历史较抗逆力研究更长。到目前为止,学界对脆弱性和抗逆力的关系形成了两种典型的理解。

一类以福尔克(Folke)为代表,认为脆弱性和抗逆力犹如一枚硬币的两面,他们从两个相对立的角度刻画一个系统的同一种属性,脆弱性强则抗逆力弱,脆弱性弱则抗逆力强。

另一类以巴克尔(Buckle)为代表,认为脆弱性和抗逆力的影响因素都极为复杂,是同一系统的不同属性,在不同条件下可能会呈现不同的相关关系,可以大致地类比为双螺旋结构。脆弱性高代表系统在风险面前受损的概率大,概率大则被破坏程度就高,可获得的反弹恢复资源会变少,因而抗逆力会降低。而抗逆力强的系统则会在灾难中恢复得快而好,这会影响到系统在面对下一次灾难时的脆弱性强弱。因此,抗逆力和脆弱性在不同情形下可能是正相关,也可能是负相关。这种双螺旋结构关系意味着不能将抗逆力和脆弱性简单地看成是硬币的两面,也不能简单地将它们作为一条线的两端而强调它们之间的直接关联。脆弱性与抗逆力一样,都受到多个复杂因素的影响,而脆弱性和抗逆力的影响因素存在重合与冲突,所以一个对抗逆力有正面影响的因素可能对脆弱性有正面、负面或无直接影响。

为了区分脆弱性与抗逆力对于风险管理的作用,一些学者将脆弱性看作一种静态的状态量,以表达在某种强度的风险冲击下,社区受到伤害的可能性,强调脆弱性与灾害的直接损失相关。将脆弱性看作静态量,是因为假设风险冲击是在极短的时间内完成的,此时(体现脆弱性强度的)系统抵抗力作用的过程极短。我们认为这种假设过于片面,某些突发性灾难如地震,可能符合该理论假设;而另外一些风险如洪水、公共卫生事件、群体性事件等,就不太符合。

其实,脆弱性与抗逆力都可以看成是动态的过程量,它们在社区受到风险破坏时依次发挥主导作用。在风险发生的初期,风险对社区所造成的直接损失取决于社区自身脆弱性的强弱,这个时期是脆弱性在发挥主导作用,社区被破坏程度会影响紧接而来的抗逆过程。而风险发生后,抗逆力则会影响风险造成的间接损失大小和持续伤害程度,这个时期是抗逆力主导。当然,风险的形成不是一瞬间发生的,虽然在陈述上分为两个阶段,但是没有明显界限,并且在各个阶段中二者均会发生作用,不同之处在于谁会起主导作用而已。

总之,脆弱性和抗逆力是社区抵抗风险的两个重要属性,脆弱性强调社区在面对风险时直接损失的可能性,研究脆弱性有助于发现社区的弱点;而抗逆力则强调社区快速恢复正常功能水平的能力及过程,通过抗逆力研究,可以快速调整社区的适应性,尽可能减少间接损失。因为二者在社区抵抗风险中所起的作用相互交织,所以在研究抗逆力并建构抗逆力量化模型时,不但要考虑抗逆力的作用时间、作用轨迹与作用结果,还必须充分考虑社区的脆弱性问题,并把它作为一个主要变量进行分析。

第三节 社区抗逆力的三维构成

抗逆力是社区内部和外部各种要素相互作用的过程,社区抗逆力的大小正是各种因素相互作用的结果。其中,内部要素包括社区个体和社区内部环境,而外部要素则是社区外部环境,它们之间存在相互耦合、不可分割的联系。

一、社区个体

社区个体是社区最重要的资源。如果一个社区的个体抗逆力普遍较弱,这个社区将很难塑造较强的整体抗逆力。在已有的抗逆力研究中,个体特质(如自信、自尊、创造能力等)被认为与抗逆力有关。结合社区的特点,社区个体对于社区抗逆力的贡献应该着重体现在个体的自我效能感、问题应对能力和社区归属感方面。

自我效能感是个体能否完成任务的整体感觉,是个体的一种自我保护因素。自我效能感的概念是班杜拉提出的,在社会学和心理学领域被广泛应用。个体抗逆力研究者多数都将其作为个体的保护因素,佩顿(Paton)在对1995年新西兰鲁阿佩胡火山爆发之后社区恢复的研究中提出,社区人员自我效能感是社区抗逆力的一个主要预测变量。自我效能感影响个体认知的坚定性、面对灾难时的态度、情绪以及行为表现。自我效能感受个体经验、替代经验、情绪唤醒和言语劝说等因素影响。

问题应对能力强调个体面对突发事件的反应能力。问题应对包括问题定义、问题概念化、方案提出、方案选择、方案实施等过程。当风险来临时，个体必须解决一些过去从未触及的问题，即使处理一些常规任务，由于资源和人员的退化也需要根据实际情况创造性地处理，这就涉及问题应对能力。社区可以通过分散权力，在平时工作中有意识地组织人员自主处理问题，以此来锻炼人员对问题的应对能力。

社区归属感是个体对社区的一种依恋、承诺和忠诚状态。具有社区归属感的个体认同社区规范，愿意为实现社区安定而努力，倾向于维护社区利益。佩顿在社区抗逆力的研究中，通过问卷调查分析，得出社区归属感是社区抗逆力的一个主要预测变量。当社区遭遇灾难导致功能紊乱时，利益冲突难免，具有强烈归属感的个体会努力地参与恢复工作，甚至在必要时牺牲个人利益。如果所有社区个体都以社区目标为第一优先目标，社区就可以集中人员快速进行抗逆工作。社区归属感与多种因素相关，包括信任氛围、人员满意度等。

二、社区内部环境

社区环境是社区人员和资源运行的平台，分为内部环境和外部环境。

社区内部环境包括社区价值观、文化、结构等多种因素，尤其重要的是社会资本、分权结构、分享氛围等。

社会资本是指个体或团体之间的关联——社会网络、互惠性规范和由此产生的信任，是个体在社会结构中所处的位置并由此带来的资源。深厚的社会资本源于社区人员之间良好的互动，良好的互动源于自尊、诚实、信任。深厚的社会资本对社区抗逆力的影响体现在四个方面：一是社区人员更容易产生相互依赖，促进资源交换；二是社区人员能更容易接受他人不同的观点，促进彼此合作；三是深厚的社会资本使得社区人员更关注伙伴间的长期利益，从而忍耐一定的即时损失，有利于资源的调用；四是深厚的社会资本有助于连接社区内外，快速建立资源和支持网络。

分权结构是风险环境中对社区权力和责任的一定分散。在社区抗逆过程中，不需要等级森严的金字塔结构，因为在环境迅速变化、信息和资源有限的情况下，更加依赖人力资源的及时应对能力，而这些能力在分权结构下更易获得。

分权结构是一种柔性结构,能够快速适应和应对复杂多变的环境。社区可以通过缩短层级,将金字塔改为扁平式结构,以及实行团队式结构。

分享氛围能够促进人员之间的信任和依赖。一个具有分享氛围的社区会鼓励社区人员之间交流知识、信息、思想等,社区人员可以感知,实际上也可以迅速获得想要的支持,从而增强社区归属感,改善社区学习能力,提高社区资源的易得性。建立良好的分享氛围,不仅需要建立正式的信息沟通渠道,而且也需要建立非正式的信息沟通网络。

三、社区外部环境

社区不是一个独立的系统,它存在于一个更大的外部环境中。社区外部环境主要是指社区所在的区域对社区的友善和支持程度,在应急管理范围内,包括社区所在区域以及与外部区域组成的更大区域这两个层次。社区所在区域容易感受到社区风险,救援与支持更易到达;与外部区域组成的更大区域,可以调用和动员的资源更丰富和全面,但是由于离社区远,信息反馈慢以及需要较长的物流时间等,对社区的支援会相对滞后。

在社区的外部环境中,重要的是如何使支援社区的资源和人员流入速度快、数量多,同时匹配程度还要高,所以影响外部环境的主要因素包括物资供应渠道、信息沟通渠道等。

物资供应渠道旨在增加社区的资源可及性,确保社区在外界环境的辅助下能够获得充足的救灾资源。灾害情形下的物资供应链需要具备一定的柔性,确保在原本的供应渠道发生中断时能够及时启用备用计划,降低物资中断风险。例如,地震发生时极易造成地震灾区与外界连接的道路、桥梁等损坏,导致交通中断,外界物资难以输入灾区内部。为了尽可能缓解物资中断对于救灾活动的影响,决策者可以采用备用供应商、备用运输道路等柔性供应链措施,从而在物资供应渠道方面增强社区抗逆力水平。

信息渠道旨在促使社区与外部环境进行有效的融合,这就需要建立良好的信息沟通渠道以便能够快速准确地进行信息传递。一方面,社区及时有效地将灾情信息传递给外界,快速请求援助,并且准确地将真实的灾害严重程度、救灾需求等关键救灾信息传递出去,可使得外界能够高效响应;另一方面,外界准确地将救灾信息传入社区,有利于社区在外部援助抵达之前尽可能利用现有资源展开迅速、高效的自救活动。

四、三维耦合结构

社区个体、社区内部环境、社区外部环境之间相互耦合、密不可分,三者共同作用于社区抗逆力,它们的作用结构如图1-2所示。

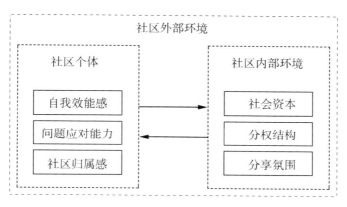

图1-2　社区抗逆力要素的作用结构

社区个体与社区内部环境的各项要素之间都存在相互关联。社区个体要素是改善社区内部环境的能力与情感基础,自我效能感较高的个体在灾害危机发生时表现出的坚强意志和理性行为能够影响他人,激励他人形成良好的救灾氛围,坚定群体的救灾信念,强化社会资本与分享氛围。问题应对能力较高的个体能够在救灾活动中发挥关键作用,在分权结构中发挥组织、领导的作用,在自己有效抗灾的同时高效地指导他人共同应对灾害。灵活且高效的社区分权结构取决于社区个体的问题应对能力和相互信任程度。社区归属感强的个体形成的群体能够塑造相互团结、相互信任的分享氛围,提升社区群体之间的相互支持与信息共享,以团队的整体利益为上,从而有利于社区共同抗灾。

社区个体可从社区内部环境中获得能力提升。充分的社会资本使得社区形成理性、信任的人际关系环境,使得个体愿意为集体利益服务,提升个体的社区归属感。在分权结构中形成有效的分工,社区个体在抗灾活动中各司其职、积累经验,可培养个体的自我效能感和问题应对能力,由此进一步改善社区内部环境。良好的分享氛围有利于社区在灾前普及救灾知识、提升防灾意识、改善抗灾能力,例如防灾讲座、抗灾演习等活动,能够提升社区个体的自我效能感和问题应对能力。

此外,社区个体和社区内部环境均处于社区外部环境中,社区外部环境为社区内部提供支持和辅助。外部环境的物资供应渠道和信息沟通渠道都与多种因素有关,包括社区所在区域的经济发展水平、自然资源丰富程度、产业结构、信息技术水平、整体教育环境等,内外因素之间存在更为复杂的交互关系。

第四节　社区抗逆力的构成因素

根据目前中国防灾抗灾的实践,并结合国外的社区抗逆力的研究,可以把影响社区抗逆力的因素大致归结为生态环境、脆弱性、物理暴露、建筑结构、社会资本、救灾措施、社区贫困程度、经济状况、人口结构等几个方面。由于生态环境主要和研究对象所处的地理位置、气候环境、生态状况等有关,很难因社区自身的资源而有所改变,这与社区抗逆力强调利用自身资源进行防灾抗灾的主旨不同。因此,在社区抗逆力的指标体系设计中,我们不考虑生态环境的影响。参考脆弱性的研究,我们可以把脆弱性、物理暴露、建筑结构等归结为物理因素。社会资本、救灾措施、社区贫困程度等可统一归结为受制度因素影响的结果。因此,我们可以把社区抗逆力的关键指标归结为人口、经济、制度、物理等四大因素,为下一步指标的细化奠定基础。

一、人口因素

人口因素是一个社区组成要素的基础,是影响社区抗逆力水平的重要构成因素,是物理因素、制度因素和经济因素的来源。通过改善人口因素,可以为其他三个维度的因素打下坚实基础。人口因素包括社区成员自身的因素以及社区成员之间的相互关系,总体来说,可以分为人口结构、社区成员相互联系等层面。

人口结构分为硬性结构与软性结构,其中硬性结构主要表现为人口的自然属性,包括社区成员年龄结构、老幼病残孕比例、人口密度等;软性结构表现为人口在精神方面的特征,包括社区成员的防灾抗灾意识、应急知识水平、受教育程度等。社区的硬性结构通常在短期内不会产生太大改变,而软性结构中的很多属性可以通过社区自身开展活动得到明显改善。

社区成员关系分为社区成员间关系和社区成员与外界联系两种。社区成员间关系是指灾害发生时社区内部成员的互助意识、团结意识、对社区的归属感和认同感等,如果社区成员能够在灾难发生时相互信任、相互帮助、共同抗灾,表示社区具有较高抗逆力水平。社区成员与外界联系主要是指当发生灾害时能得到的外界组织和个人的帮助,即社会支持,社区与外界的关系越紧密,则表示该社区在灾害发生时可以获得的社会支持越多,抗逆力越强。

从整体上来说,社区成员中老弱病残孕越少、青壮年占比越高、受教育程度越高、防灾抗灾意识越强、互助意识越强、社区居民归属感越强烈、可获得的外界支持越多的社区具有较高的抗逆力水平。

二、经济因素

经济因素主要指当地社区的经济实力,对社区自身的抗逆力水平高低具有非常重要的影响。雄厚的经济实力能够为社区防灾、抗灾、恢复提供强有力的经济后盾,让社区具备完善物理因素、制度因素的经济条件,进一步提升抗逆力水平。经济因素从大的方面来说体现在社区所在地方的经济实力,从小的方面来说体现在社区居民收入是否有保障、收入结构是否合理等方面。只有改善经济发展,增加社区资本,才能提升社区的硬件设施,为灾后重建提供物质保障。

其实,经济资本对于抗逆力是一把双刃剑。一方面,社区抗逆力的建设离不开经济资本的支持;另一方面,经济资本的增加必定是建立在对自然的不断开发利用基础上,这就可能增加社区对致灾因子的物理暴露,破坏社区生态环境,增加自然灾害的发生频率或强度,加大社区抗逆力建设面临的挑战。本书主要考虑其有利面,从经济资本增强抗逆力水平的角度进行研究。而其弊面更多的是在脆弱性和承灾性中考查,不作为本书探讨的重点。

经济因素包括资源的自有程度、人均 GDP、贫困线下人口比例、工作性质结构、失业率、对公共设施的经济资本贡献等。对经济因素的指标界定有一定困难,这主要是因为很多指标是描述性概念,很难对其进行量化,这在具体的实例研究中需注意指标的选择和赋值。

从整体上来说,地方经济实力越雄厚,地方人均 GDP 排名越高,自有资源越多,贫困人口占比越少,失业率越低,就业结构越丰富,社区的抗逆力水平越高。

三、制度因素

制度因素,顾名思义是指社区管理部门、社区所在地区政府,甚至国家的行为对抗逆力建设做出贡献。从经济上主要体现在政府在防灾抗灾行动上的财政投入;从具体工作上体现在医疗机构的建设,物资储备配置,专业救援队伍建设,社区成员灾害意识教育培养,落实上级的减灾计划执行力等。一些制度因素主要起到鼓励和引导的作用,例如增大财政拨款从而鼓励当地社区建设应急救灾志愿者团队;还有一些制度因素能够在必要时期起到强制和约束的作用,比如在流行病暴发期间对于确诊患者的密切接触人员采取强制隔离措施等,这也是制度因素和其他因素的重要区别。与经济因素一样,制度因素中很多指标也为描述性指标,对其进行定量描述有一定困难,例如减灾计划覆盖率,在具体的实施过程中可转化为熟悉减灾计划的成员比例。

制度因素是与国家、当地政府、社区制定的相关法律法规、规章制度等宏观因素相关的措施,例如社区制订的防灾减灾计划、灾前预防演练规定、社区居民医保缴纳,以及与应急管理相关的法律法规等等。制度因素主要起到宏观引领和公共维护的作用,引导社区居民以正确的方式广泛参与到社区抗逆力的建设活动中,共同积极地面对突发灾害。

从整体上来说,政府与社区对社区的防灾、抗灾建设越重视,财政投入越大,防灾、抗灾计划越完善,对社区成员的灾害意识教育越普及,医疗、物资、救援等建设越齐全,应急管理相关法律法规越全面,执行力越强,社区抗逆力水平越高。

四、物理因素

物理因素较传统的物理暴露来说,涵盖范围更广。从大的范围来说有地理位置(如处于地震带、低洼地区、山区等),从小的范围来说包含社区内建筑物的坚固程度、信息通道覆盖、社区周边交通的便捷性、建筑密度、资源可及性(医疗可及性、消防可及性、警力可及性、应急供应链柔性)等。社区所在的地理位置属于不能控制的变量,因此,在研究社区抗逆力水平时通常不会把地理位置当作研究变量、影响因素包含在其中。

物理因素是主要体现社区的客观因素,例如社区建筑物的新旧程度、抗震级别、交通便捷性、外部救援设置状况等。物理因素是社区抗逆力水平的一个基础性因素,良好的物理因素能够在社区遭遇灾害时最大限度地降低直接经济损失和人员伤亡。物理结构因素与上述三者最大的差异在于,针对不同自然灾害,物理因素中起主导作用的指标差异较大,例如面对突发地震时社区内房屋的抗震级别、坚固程度具有非常重要的作用;面对火灾时社区内建筑物的逃生便捷性、消防设备的安装与使用起主导作用;洪涝灾害中,排水系统和房屋地基起到主要作用;对于低温冻害等灾害,建筑的密闭和保温作用很重要;火山喷发区的道路疏通最重要。虽然不同灾害中物理结构的指标偏向不同,但是这也正说明物理结构的重要性。

从整体来说,社区的建筑物坚固程度越高、交通越便捷、信息传播越便捷,基础设施越齐全、资源可及性越大,社区抗逆力水平越高。

第二章　社区抗逆力的
作用机制与评价体系

前文从静态视角分析了社区抗逆力的概念和构成因素,本章将基于风险动态演化阶段的视角探究社区抗逆力的动态作用机制,通过定量方法构建抗逆力功能函数。并在理论整合的基础上形成社区抗逆力的复合分析框架,构建社区抗逆力的评价指标体系和综合评价模型。

第一节　风险与社区抗逆力

风险是抗逆力的应激源。为了从风险动态演化的视角对社区抗逆力的动态运行机制进行研究,开展对风险的解读十分必要。本节将首先界定风险的概念,然后分析风险动态演化的表现形式。

一、风险的动态演化

关于风险的概念,学界已经形成的观点可以分为狭义和广义两种层面。狭义风险表现为主体承担损失的可能性及其大小,强调风险的危害性,通常以损失的期望值进行度量,只要存在出现损失的可能性就可认为有风险,且是一种绝对风险。而广义风险立足于出现各类情形的可能性大小,强调风险的不确定性,通常以方差进行度量,只要存在不确定性就可认为有风险,且是一种相对风险。

本书所研究的风险都是狭义风险。从社区抗逆力的研究视角来看,基于"损失最小化"原则,本研究认为社区抗逆力起始于应激刺激,其表现依赖于灾害的发生或环境的恶化。如果没有带来损失的可能,那么社区"抵抗灾害、减轻损失并恢复"也就无从说起,社区抗逆力也就失去了意义。因此,本研究只考虑风险带来的损失可能性及其大小。

对于风险的表现形式,学界也已有成熟的理论。一般认为,风险在不同阶段将表现为风险因素、风险事件、风险损失等不同形式。风险因素包含增大风险事件发生的可能和影响的任何实体,分为有形的风险因素、无形的风险因素两大类。有形的风险因素一般是影响损失概率和损失程度的物理因素,例如老化的电线、陈旧失修的建筑物等。无形的风险因素一般是影响损失概率和损失程度的文化因素,例如一些人在呼吸道传染病暴发期间不愿意戴口罩的行为和态度。风险事件是指产生风险损失的直接原因和条件,即自然灾害、事故灾难、公共卫生事件、社会安全事件等突发事件。风险损失是指风险事件发生后多种损失的综合。就社区而言,风险事件对社区、社区资源、社区环境造成的损失以及对社区成员造成的精神和物质伤害都属于风险损失的范畴。此外,除了上述三种学界公认的风险表现形式,为了研究的需要,本研究还引入了"风险消弭"的概念。本研究认定,风险消弭是指系统在风险事件后逐渐恢复、消除风险损失和不利影响的过程,比如火灾后住宅的修复、疫情后人员的治疗、地震后灾区的重建,都属于风险的消弭过程。

综上,我们认为,风险在不同阶段表现为风险因素、风险事件、风险损失、风险消弭等不同的形式,这些形式彼此关联,存在天然的内生逻辑:风险因素诱发风险事件,风险事件造成风险损失,风险损失启动风险消弭。风险动态演化过程就是风险经由风险因素、风险事件、风险损失最终走向风险消弭的发展过程。引入社区功能水平和社区功能水平函数,有利于更直观地刻画这一过程。

社区功能水平是反映社区政治、经济、社会、文化、生活等特定社区功能或综合能力的抽象指标,面临不同的灾害、研究不同的问题,社区功能水平的具体表征都不尽相同。在实践中,由于社区功能水平的构成复杂且灵活多变,其应用存在极大的操作难度,但在理论研究中,通过社区功能水平将社区的各项能力抽象化,可以有效简化研究对象,有助于开展社区抗逆力的抽象研究并提出社区抗逆力的概念模型。因此,本研究引入社区功能水平作为度量社区各项能力的抽象指标,将社区功能水平的变化作为社区受灾和恢复的唯一参考。将社区功能水平函数的横坐标设为时间(t),纵坐标设为社区功能水平(Q),可以直观地反映社区功能水平随时间的变化情况,进而也能直观地反映风险的动态演化过程。通过上述函数,一个由风险因素、风险事件、风险损失和风险消弭构成的典型风险动态演化过程能够被抽象地刻画出来,风险动态演化过程示意详情见图2-1。

如图2-1所示,社区功能水平函数曲线随着风险的动态演化过程先上升后下降再上升,且经由两个端点、两个拐点被自然地分割为三段:从风险因素产生到风险事件发生、从风险事件发生到风险损失最大、从风险损失最大到风险消弭完成,这与风险动态演化的过程和内在逻辑高度吻合。上述"四点三段"对于风险的动态演化研究具有提纲挈领的作用。

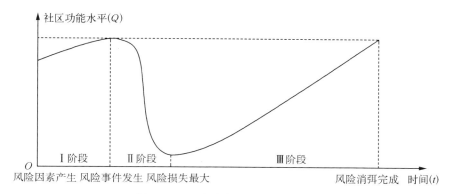

图 2 - 1　风险动态演化过程示意图

左端点是风险因素产生的时刻。事实上,各式各样的风险普遍存在于社区中,在风险事件发生之前都以风险因素的形式潜藏在社区中,社区一旦建立或更新,风险因素即随之而来。风险因素产生的时间就是 $t=0$ 的时刻,即社区建立或更新的时刻。

左拐点是风险事件发生的时刻。通常情况下,在风险面前社区功能水平的降低是必然的,如果社区面对风险时完好无损,那么对这个社区来说这种"风险"就不是风险。社区功能水平下降,左拐点由此产生。需要说明的是,对于瞬时发生的风险事件,例如地震或爆炸,其发生时刻并不存在争议;对于持续发生的风险事件,例如火灾、流行性疫情或干旱,应该将其发生的时刻定义为出现风险损失的初始时刻,如火灾产生明火的瞬间、疫情出现第一位确诊感染者的瞬间、干旱第一次产生经济损失或社会影响的瞬间。

右拐点是风险损失最大的时刻。对于社区而言,风险事件发生后尚未得到及时响应,风险损失程度由此迅速增长,达到一定程度后趋于平缓、不再扩大并趋于恢复,右拐点由此产生。以火灾为例,火灾发生的时刻就是风险事件发生的时刻,没有得到迅速控制的火灾此后迅速蔓延,造成社区功能水平迅速下降,风险损失才开始快速扩大;当火灾开始被逐渐控制或可燃物燃烧殆尽,社区功能水平即将由下降转为上升,出现拐点。

右端点是风险消弭致使社会功能水平回到风险事件发生前的时刻,本研究将这一时刻定义为"风险消弭完成"。上述定义主要出于两点考虑:一是风险动态演化的研究需要,由于风险的动态演化是同一风险不断生长、变化、发展并在不同阶段表现为不同形式的连续长期过程,将连续过程按照演化阶段进行切分符合该研究的客观需求,人为定义"风险消弭完成"的概念有助于将长期过程提炼为短期周期,对于风险演化周期内各阶段的研究进行细化。二是社区抗逆力的研究需要,如第一章抗逆力内涵中所述,本书不考虑功能水平超过过往水平的情形,这里应保持假设的一致性,将"风险消弭完成"定义为"风险消弭致使社区功能水平回到风险事件发生前"或"风险消弭致使风险损失降为零"。

上述左端点、左拐点、右拐点、右端点四个临界点将风险动态演化的过程切分为"风险因素诱发风险事件"(Ⅰ阶段)、"风险事件造成风险损失"(Ⅱ阶段)、"风险损失直至风险消弭"(Ⅲ阶段)三个发展阶段。Ⅰ阶段是风险因素诱发风险事件的阶段,始于风险因素产生,止于风险事件发生。风险在该阶段仍表现为风险因素,对社区正常功能活动没有影响,社区功能水平也会正常上升。Ⅱ阶段是风险事件造成风险损失的阶段,始于风险事件发生,止于风险损失最大。风险在该阶段以风险事件的形式表现出来,社区功能水平随之大幅下降。下降速度由慢变快再逐渐变慢,符合突发事件蔓延的客观规律,表现为社区功能水平函数的曲线斜率。Ⅲ阶段是风险损失直至风险消弭的阶段,始于风险损失最大,止于风险消弭完成。在这一阶段中,突发灾害的影响逐渐减弱,社区抗逆力占据主导地位,社区功能水平逐渐回升至过往水平。

二、风险演化下的社区抗逆力作用机制

风险的动态演化过程既是风险本身不断生长、变化、发展的过程,也是抗逆力与风险相互作用的过程,本节将在风险动态演化理论的基础上探究抗逆力及其内在核心属性与风险的作用机制,并进一步分析社区对风险的抗逆过程。

在Ⅰ阶段中,风险因素已经存在但尚未发生风险事件,可以引入脆弱性以辅助抗逆力研究。基于Buckle的观点,脆弱性反映系统受到破坏的难易程度,其概念与抗逆力并不完全相同,却与抗逆力的内在核心属性稳健性的内涵一致,高度关联。因此,本研究基于对脆弱性及抗逆力的前人研究,认为在Ⅰ阶段中社区抗逆力主要表现为稳健性,用于抵抗风险因素向风险事件的演变。

在Ⅱ阶段中,风险事件发生后不断快速蔓延,社区功能水平因此大受影响而急剧下降,可以在这一阶段中引入适应性以辅助抗逆力研究。适应性是系统不断迅速调整自身以应对外界波动的能力,与抗逆力的内在核心属性快速性的内涵吻合。同时,快速性更强的组织,往往能对环境保持更敏锐的知觉、具有刚柔相济的组织结构,从而在风险发生时有效调整自身、控制风险,具有更强的适应

性。因此,本研究认为,社区抗逆力在Ⅱ阶段主要表现为社区及时控制损失以完成任务和目标的能力,即快速性。快速性越大,风险损失越小。

在Ⅲ阶段中,风险逐步消弭,突发事件得到控制,风险损失逐渐减少,社区功能水平开始上升,可以在这一阶段中引入恢复性以辅助抗逆力研究。一般情况下,冗余性大的社区,具有更多备用的救援人员、救援物资和信息渠道,能够更充分、更高效地开展灾后重建工作,因而具备更强的恢复性。因此,本研究认为,社区抗逆力在Ⅲ阶段主要表现为社区内部各类资源的充裕程度、提供替换或解决方案的能力,即冗余性。冗余性越大,风险消弭越快。

基于上述分析,可得图2-2社区对风险的抗逆过程示意图。

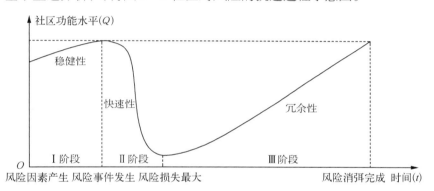

图2-2　社区对风险的抗逆过程示意图

结合上文,可以基于风险动态演化的视角对抗逆力作用的起点、表现和结果进行分析,刻画社区抗逆力与风险的相互作用过程,过程如下。

(1) 抗逆力作用起点。

抗逆力起源于风险因素。社区一旦建立或更新,潜藏的风险因素即随之而来,社区抗逆力便开始发挥作用。当然,随着社区的不断建设与发展,风险因素也会发生相应变化,与具体风险相关的抗逆力的起点是伴随着社区、风险因素的更新而出现的。

(2) 抗逆力的表现。

社区抗逆力的稳健性、快速性、冗余性与风险动态演化存在相互作用。出于简化模型的角度,我们忽略了前人研究中与资源的调动性和退化性相关的论述。本研究认为,社区抗逆力在Ⅰ阶段由稳健性发挥主要作用,在Ⅱ阶段由快速性发挥主要作用,在Ⅲ阶段由冗余性发挥主要作用。

(3) 抗逆力作用结果。

本研究充分考虑社区对风险的抗逆过程,提出了四种不同的抗逆力结果。

稳健性强的社区将完全抵抗风险,避免灾害;快速性强的社区将及时控制风险,减小损失;冗余性强的社区将逐渐适应恢复,消弭风险;缺乏抗逆力的社区将难以抵御风险,脆弱不堪、持续紊乱。其中,前三种结果最终都将使社区度过灾害并适应环境,只有脆弱不堪、持续紊乱的结果将使社区被灾害摧毁。

根据上述分析,可得社区抗逆力与风险的相互作用过程如下图2-3所示。

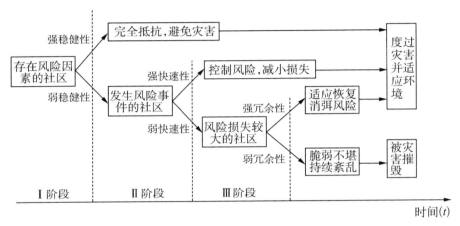

图2-3 社区抗逆力与风险的相互作用过程

第二节 基于抗逆过程的抗逆力功能函数

第二章第一节已经指出,抗逆力的操作性定义包含四个方面:抗逆力的作用结果、抗逆力的作用时间、抗逆力的作用轨迹(组织功能恢复的曲线轨迹)、社区脆弱性。其中,抗逆力的作用结果、作用时间和作用轨迹的相关概念和抽象机制已经在本章第一节阐明。那么,本节将会从定量分析的视角,从抗逆力的作用轨迹出发,构建社区抗逆力的功能函数。

一、社区抗逆力函数

在定量研究中出于简化模型的需要,需要指出几个前提假设。

(1)社区功能在一段时间内处于稳定状态,在风险事件发生之前的时间段内,虽然社区里存在风险因素,但是没有出现任何灾难及损失,社区功能完好,可以认为社区功能水平在这段时间内稳定在100%水平。在现实情境中,一个社区处于长期发展之中,其功能水平在正常状态下也可能出现上下波动。但是为了简化研究,假设社区功能在这段时间内处于稳定,以便于灾难后的情况进行对比。

（2）灾难的破坏在瞬间完成。在风险事件发生时,假设社区功能水平将在瞬间突变。在现实情形中,以地震为代表的突发性灾难通常在瞬间造成破坏,但是以洪涝、干旱为代表的渐进性灾难则需要较长的作用过程。在灾害发生的瞬间,由于社区应急力量响应不足,抗逆力的快速性尚未得到发挥,此时灾害损失突变过程属于致灾因子本身如何造成社区损失的研究范畴。而抗逆力研究的重点不在于致灾因子,而侧重于社区如何抵抗灾害风险并快速恢复,所以出于简化模型的需要,均把灾难的发生假设成瞬间。

根据假设,将风险演化过程简化为图 2-4 所示,其中 Q 表示社区功能水平;t_0 是社区风险事件发生的一刻,作为抗逆力作用起点;t_1 为风险消弭完成的时刻,社区功能再次恢复到正常水平的时间点。从 t_0 到 t_1 之间的时间差可认为是抗逆力的作用时间。

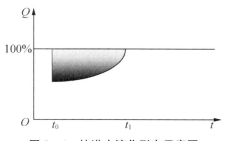

图 2-4　抗逆力演化形态示意图

抗逆力的定量研究重点在于衡量社区面对灾难的破坏时尽可能减少相对损失的能力,即从风险事件发生时刻到风险消弭时刻的时间段内出现的风险损失之和,表示为图 2-4 中阴影部分的面积。Q 在 t_0 处的骤降程度越小,则表示社区受到破坏的程度越低,阴影部分面积越小,抗逆力越强;抗逆力作用时间 t_1 至 t_0 区间越短,则表示社区恢复到初始状态所需的时间越短,阴影部分面积越小,抗逆力越强。所以,可以通过计算图中阴影部分面积来衡量抗逆力的大小,如下式所示:

$$R = \int_{t_0}^{t_1} [1 - Q(t)] \mathrm{d}t$$

如果考虑相对损失,则有:

$$R = \int_{t_0}^{t_1} \frac{1 - Q(t)}{t_1 - t_0} \mathrm{d}t$$

R 值越小,抗逆力越大,反之亦然。

为了计算上述公式,$Q(t)$ 的定义是关键。$Q(t)$ 是一个复杂的随机过程,受到诸多因素影响,从图 2-4 中看,这是一个分段函数,本研究尝试描述从 t_0 到 t_1 这段 $Q(t)$ 的变化过程,把 $Q(t)$ 定义为:

$$Q(t) = [1 - L(S, Ro)] \times [f_{\text{in}}(t) + f_{\text{out}}(t)]$$

其中 $L(S, Ro)$ 是损失函数,S 为灾难严峻性,Ro 为组织的稳健性;$f_{\text{in}}(t)$ 为社区自身恢复函数,表示社区内部抗逆力;$f_{\text{out}}(t)$ 为组织受到的外部支持函数,表示社区外部抗逆力。

社区抗逆力的定量研究不仅要反映抗逆力本身的大小,还要反映抗逆力相关属性对于抗逆力的影响。接下来将借助定量方法分别衡量社区抗逆力的稳健性、快速性、冗余性、外部支持性四种属性。

(1) 稳健性。

在该模型,可以通过社区在压力下的受损程度衡量稳健性。稳健性可以表示为 $Ro = 1 - \tilde{L}(m_L, \sigma_L)$,其中 $\tilde{L}$ 是一个随机变量,是平均值 m_L 和标准差 σ_L 的函数。为了更加准确,可以在 σ_L 的前面增加与具体某个损失水平相关的系数 α,即为 $Ro = 1 - \tilde{L}(m_L, \alpha\sigma_L)$。为了提高稳健性,社区可以从减少标准差着手,将不同灾难的损失都稳定在一个小范围内。

(2) 快速性。

快速性与抗逆过程的速度相关,所以用 $Q(t)$ 的导数来表示,即 $Rap = \dfrac{\mathrm{d}Q(t)}{\mathrm{d}t}$。可以用初始损失和恢复到 100% 的时间对其进行平均值估算,即 $Rap = \dfrac{1 - Q(t_0)}{t_1 - t_0}$,其中 $Q(t_0)$ 为 t_0 时的社区功能水平,也可以用 $(1 - L)$ 来近似考虑。

(3) 冗余性。

社区的抗逆过程中包含一系列事物的修复、替换和更新。冗余性代表了组织的替换能力,是影响组织自我恢复的一个重要特性,影响了函数 $f_{\text{in}}(t)$ 的曲线路径。

(4) 外部支持性。

外部支持性是为了强调组织的抗逆过程中外力的重要性而提出的。本研究认为外部支持表现在外部资源和人员的流入。外部支持性影响了函数 $f_{\text{out}}(t)$ 的曲线路径。

二、损失函数

灾难损失来源于对社区资源和人员的破坏。此前已有一些研究关注损失函数,分别从直接损失和间接损失、资源损失和人员损失的角度考虑社区损失函数。本研究认为损失函数要衡量的损失指的是社区本可以使用和调用的资源和人员在灾难发生后出现不能使用和无法调用的程度。接下来将从社区内资源损失程度、间接资源损失程度、直接人员损失程度、间接人员损失程度四个角度来衡量损失情况。

(1) 社区内资源损失程度。

社区内资源的损失和前人学者所说的直接损失类似,用 L_{ir} 表示,公式如下,其中 ω_k 代表 k 类资源的权重, C_k 表示 k 类资源损失的成本, S_k 代表总成本。ω_k 与资源的重要程度相关,如果某种资源对于社区越重要,其损失比例对社区的影响越大,且有 $\sum_{k=1}^{N} \omega_k = 1$。

$$L_{ir} = \sum_{k=1}^{N} \omega_k \frac{C_k}{S_k}$$

如果要考虑资源稳健性 Ro 的情况,即考虑资源有可能受损失程度,可以在资源损失函数中考虑某种资源损失状态发生的概率。如下式所示,其中 P_j 表示在灾难严峻性为 S 的情况下资源损失状态 j 发生的概率, C_j 表示 j 状态下 k 类资源的损失程度。

$$C_k(S) = \sum_{j=1}^{n} C_j \times P_j$$

(2) 间接资源损失程度。

间接资源损失指的是不属于社区范围内但是有利于社区正常运作的外部环境资源。如交通路线、电力等,这些资源的恢复工作不属于社区自身,需要社区所在区域展开抗逆工作,但是确实使得社区自身承受了损失,也会影响社区自身的抗逆工作。间接损失用 L_{or} 表示,其表示形式与社区内资源损失 L_{ir} 的公式类似。但是内部资源的 C_k 可以用数量、经济成本等明确表示,而外部资源则难以准确衡量,不同情境下可能大不相同,所以在具体情境下需具体分析,例如运输情况,可以用日运输量与正常时期运输量相比。

(3) 直接人员损失程度和间接人员损失程度。

人员损失指的是人员出现伤亡或者由于其他原因而无法调用的情况,这里又分为直接人员损失和间接人员损失,其程度可以表示为 L_h,如下式,其中 h_k 表示人员自身的重要程度,关键人员受损失会对社区产生更大影响,分子指的是 n 个损失人员的权重之和,分母指的是全体人员的权重之和。

$$L_h = \frac{\sum_{k=1}^{n} h_k}{\sum_{k=1}^{N} h_k}$$

综上所述,将各部分损失相加,可以得到损失函数的计算公式如下:

$$L = L_{ir} + \alpha L_{or} + \beta L_h$$

其中 α, β 与资源和人员在社区功能中的重要性相关。

三、社区内部抗逆力

社区抗逆力的作用过程和作用结果共同决定了社区抗逆力的水平。社区面对灾难时,社区抗逆的结果并不一定使得社区功能恢复到过去的水平,社区有可能受到永久性的伤害而稳定在低于过去的水平上。即便最后社区功能恢复在同样的水平上,恢复过程轨迹也决定了相对损失的不同。本研究认为社区抗逆路径受到内力和外力的共同影响,内力用社区内部抗逆函数来表达,外力则用社区外部抗逆力函数来阐述。

社区内部抗逆就是自我抗逆,是一个复杂的过程,受到各种因素的影响。社区内部抗逆力体现为使用社区自身的资源和人员来稳定社区功能,主要受到时间、组织快速性和组织冗余性的影响。对于可能的影响路径,在这里描述三种自我抗逆力函数。这三种抗逆函数均是增函数,在增长速度上有所区别。

(1)线性函数形式。

$$f_{in}(t) = a\left(\frac{t - t_0}{t_1 - t_0}\right) + b$$

线性函数形式表示社区的自我恢复速度恒定。这种函数形式简单,但是在现实情形中,自我恢复速度稳定的情形不常见。

(2)指数函数形式。

指数函数形式表示社区的自我恢复速度先慢后快。当社区遭到破坏的资源和人员缺乏冗余性时,抗逆工作将会由于资源短缺而受到制约;但是一旦拥有了对短缺资源的替换能力,抗逆工作将会迅速发展。本研究用指数函数来表示这一过程：

$$f_{\text{in}}(t) = b\exp\left[a\,\frac{t-t_0}{t_1-t_0}\right]$$

（3）三角函数形式。

社区的自我恢复速度先快后慢，当社区遭受破坏的资源和人员具备足够的冗余性时，抗逆工作就能迅速开展，但是当这部分工作进行完毕时，抗逆速度将会下降。这个过程可以用多种函数形式表示，包括高阶线性函数、指数函数等。为了显示出差异性，本研究用三角函数描述：

$$f_{\text{in}}(t) = b\left\{1 + \sin\left[\pi a\,\frac{t-t_0}{t_1-t_0}\right]\right\}$$

在上述算式中，a，b 为常数变量；t_0 为组织发生灾难的时间点；t_1 为组织再次恢复稳定的时间点。

四、社区外部抗逆力

外部抗逆力体现社区从外部环境得到的支持水平。当社区受灾时，社区外部因素的支援不容忽视，尤其在我国提倡"一方有难，八方支援"的抗灾环境下。外部抗逆力体现在外部支援的资源和人员的流入，所以用外部资源和人员的流入量进行衡量，即 $f_{\text{out}}(t) = \varphi S(t)$，其中 $S(t)$ 表示外部资源和人员流入组织的函数，φ 为转换系数，与组织利用资源的能力及组织本身资源的损失程度相关。

$S(t)$ 的过程被许多学者关注，估计灾区资源需求、提升外部支援效率等问题已经获得了学界的广泛研究。本研究认为 $S(t)$ 的过程可以通过历史数据或者仿真实验获得，按照社区被破坏程度进行分类，以实际发生灾难时进行预测的数据作为参考。$S(t)$ 表示外界的支援量，是增函数，根据外界支援增加的速度，可以分为增速稳定、先快后慢、先慢后快三种类型。

（1）线性函数形式。

$$S(t) = a_o\left(\frac{t-t_0}{t_1-t_0}\right) + b_o$$

线性函数形式的特点是外界为社区提供的资源支持和人员支持的增长速度保持恒定，这种支援速率比较稳定。这种形式的优点在于简单，但是在实际情况中，随着社区内外信息交流的增加、社区救援需求的变化等，外部支援速度通常难以保持为定值，所以该函数形式可能与现实存在很大偏离。

（2）三角函数形式。

$$S(t) = b_o \left\{ \sin \left[\pi a_o \, \frac{t - t_0}{t_1 - t_0} \right] \right\}$$

三角函数形式属于先快后慢的类型。在灾难发生时,外界支援迅速增长,但是随着社区自身功能的恢复,支援增长变缓。这是一种较为理想的状态,在社区遇难初期,社区急需外部资源支持,此时外界支援速度快,恰好可以满足社区需求。当社区渐渐恢复一定功能之后,将会更加着重内部的自身恢复,不再强烈依赖外界的支援,此时外界支援速度降低。

（3）指数函数形式。

$$S(t) = b_o \left\{ \exp \left[a_o \, \frac{t - t_0}{t_1 - t_0} \right] - 1 \right\}$$

指数函数形式属于先慢后快的类型,表示外部抗逆支持在开始时支援速度慢,随着时间推进,外界支援速度越来越快。这可能是最常出现的状态,在灾难初期,一方面,外界缺乏对于社区灾情必要的信息,另一方面,支援抵达的等待时间造成了支援缓慢;而到了中后期,随着灾情信息和救灾需求信息的传递得到疏通,外界支援速度将会加快。社区所在区域的邻近区域乃至全国性的支援都会表现出这种特征。

内、外抗逆力并非独立,两者之间存在相互影响。内抗逆力所需要的快速性和冗余性需要外抗逆力的支持,而外抗逆力也需要在外部救援力量进入社区之后转化为内抗逆力的形式发挥作用,在一定程度上可以通过社区调用资源的能力来衡量。当社区破坏较为严重时,外抗逆力常常起主导作用,抗逆工作依赖于外部人员和资源的协助抗逆。但是,当前的抗逆力研究常常忽视了外部支援的作用。所以本研究特别提出外抗逆力的概念,构建外抗逆力功能函数,从而强调外抗逆力的研究。

五、社区抗逆力功能函数框架

综上所述,本研究的社区抗逆力功能函数模型框架表示为:

$$R = \int_{t_0}^{t_1} \frac{1 - Q(t)}{t_1 - t_0} \mathrm{d}t$$

其中,$Q(t) = [1 - L(S, Ro)] \times [f_{\text{in}}(t) + f_{\text{out}}(t)]$;$L = L_{ir} + \alpha L_{or} + \beta L_h$;

$$L_{ir}(S,Ro) = \sum_{k=1}^{N} \omega_k \frac{\sum\limits_{j=1}^{n} C_j \times P_j}{S_k} \; ; L_h = \frac{\sum\limits_{k=1}^{n} h_k}{\sum\limits_{k=1}^{N} h_k} \; ; f_{\text{in}}(t) \text{ 和 } f_{\text{out}}(t) \text{ 分别有三种}$$

函数形式对应。

这个定量模型除了可以用来衡量和预测一个社区的抗逆力的大小外,还可以根据功能函数预测恢复稳定的时间。另外,不同的恢复轨迹对应了不同的恢复方案,应急决策者可以根据该模型和预期目标进行最优选择。

本节主要讨论了社区抗逆力定量模型,要对一个社区的抗逆力进行定量分析,需要计算功能函数从风险事件发生到风险消弭完成时间段内的积分,而功能函数由损失函数、内抗逆力函数及外抗逆力函数共同决定,形成社区抗逆力功能函数模型的框架。

第三节　社区抗逆力测评框架

一、抗逆力评价理论架构

1. 突发事件生命周期理论

突发事件生命周期理论强调分阶段进行灾害管理。灾害管理时间阶段对于抗逆力框架构建具有重要作用马奎尔和哈根(Maguire & Hagan,2007)提出的社会抗逆力框架认为,一方面,一个有抗逆弹性的社区应该具备三种特性,即抵抗力、恢复力、创造力;另一方面,社区为了建立抗逆能力,应考虑所有四个灾害管理阶段的活动,即缓解、准备、响应和恢复,这意味着灾害各个阶段的活动对于社区抗逆力的建立都具有重要意义,例如,减灾和灾害准备活动有助于社区建立减少未来灾害损失的能力,而灾害响应和灾害恢复阶段的活动可以有效提高社区应对灾害并从灾害中快速恢复的能力。

虽然 Maguire 和 Hagan 的理论框架提供了更容易理解的抗逆力概念,但在很大程度上它未能清晰地提炼每个阶段的特定属性,也就是说,该框架未能明确定义抵抗能力和恢复能力的具体属性,以便决策者利用它们来实现灾难抗逆能力的建设。

在此基础上,卡特(Cutter)等人(2008)开发了灾害抗逆力地区(DROP)模型来描述灾难抗逆能力(见图2-5)。DROP模型有两个主要组成部分,第一部分包括先行条件(固有脆弱性和固有抗逆性),它们是社会、自然和建筑环境系统相互作用的产物;第二部分包括尽可能降低灾害影响的行动,即减灾、备灾、灾难响应和灾难恢复。DROP模型与Maguire和Hagan的框架一样,强调灾害管理阶段的活动是建立灾难抗逆能力的关键因素,但是忽略了抗逆力的运作方式。

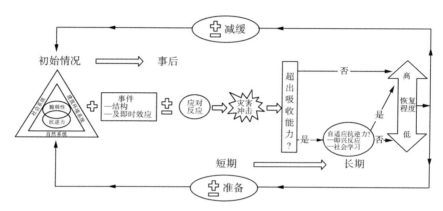

图2-5 灾害抗逆力地区模型(DROP模型)

灾害管理阶段是指根据突发事件的发生、发展、演变而划定的,生命周期(MPRR)将"灾害管理阶段"这一概念进行升华,将应急管理工作过程分为四个阶段:缓解(Mitigation),准备(Preparation),应急响应(Response)和恢复重建(Recovery)。缓解阶段的主要目标是减少和消除人员和财产事故的风险,并减少紧急情况的潜在影响或后果。准备阶段的主要目标是监测承灾主体,在事件临发时,采用科学方法和有效措施进行干预和控制,使事故造成的损失最小化,实现早期发现和早期处置。应急响应阶段主要采取相应的应急响应行动和措施,对突发事件进行干预和压制,从而保护人民的生命财产,尽量减少事件造成的影响和损失。恢复重建阶段的目标是使受灾地区恢复到相对安全的状态,逐步恢复正常状态,恢复受事故影响的环境,清理应急响应现场,恢复日常运营。上述四个阶段相互作用形成四个子流程,在应急管理活动不可缺少,形成一个动态过程。

2. 可持续抗逆型社区框架

托宾(Tobin)最先于1999年提出了可持续抗逆型社区评估框架。该评估框架由三个理论模型组成:缓解模型、恢复模型、结构认知模型(见图2-6)。

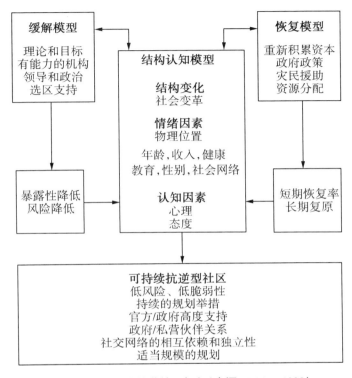

图2-6　可持续抗逆社区框架（来源：Tobin，1999）

Tobin认为，为了规划可持续的、有抗逆力的社区，一要规划减少风险和危害暴露度的灾情缓解计划，二要规划促进短期和长期恢复的灾后恢复计划，三要仔细考虑有效影响与建设可持续抗逆社区计划相关的结构和认知因素。因此，这三个概念模型是相互关联的，共同在建立可持续和具有抗逆力的社区中发挥重要作用。

总体来说，Tobin的框架强调缓解、恢复和认知因素是构建可持续抗逆社区的关键要素。但是该框架低估了备灾和灾害响应阶段的活动。大量的研究表明，缺乏应急准备的社区无法有效应对灾害（罗南，2005），有效的准备和响应活动有助于挽救生命并限制财产损失。因此，仅侧重于制订全面的减缓和恢复计划的框架不足以实现建立可持续抗逆社区的目标。

3. 可持续生计框架

可持续生计框架最初是由罗伯特·钱伯斯（Robert Chambers）提出，并由钱伯斯和康威(Chambers & Conway,1992)进一步扩展研究。一些非政府组织(NGO)、社区组织(CBO)和政府机构都应用了生计概念,可持续生计概念一度成为灾害学研究领域学者及各国政府及组织研究的热点。英国国际发展部(DFID)一直倡导在各个国家,尤其是经济较为落后的发展中国家实施这一框架,其目的是降低贫困地区尤其是落后农村地区的灾害损失风险和贫困状况。

图2-7描述了可持续生计框架的主要构成模块及其相互作用的方式。框架内的箭头表示不同类型的关系,虽然它们不表示因果关系,但代表一定程度的影响关系。在可持续生计框架的背景下,可持续性概念与人们应对冲击和从冲击中恢复的能力有关。以生计资产为中心,地区的脆弱性特性将会影响其获得或创造生计资产的能力,同时转变结构和过程将会利用生计资产影响脆弱性,为抗逆力的建设创造途径,结合生计策略实现生计成果的各项目标,而生计成果又将进一步影响生计资产。

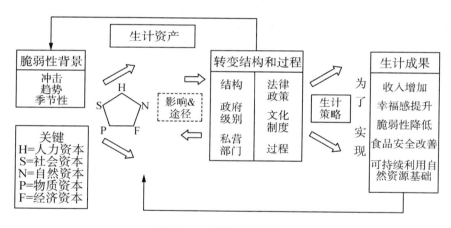

图 2-7 可持续生计框架

可持续生计框架的核心是五种生计资本组成的五角形,如图2-8所示,包括人力资本、社会资本、自然资本、物质资本以及经济资本,这五类资本是建设灾害抗逆力的重要来源。人力资本主要包括可以帮助人们达成其生计目标的技能、知识、良好的健康状况以及工作能力。社会资本即社会关系,可以通过网络和连通性、群体协会和会员以及信任关系发展起来。自然资本指自然资源存量,人类从自然中获取对生计有用的资源流和服务,保护当地自然资本可以增加该地区的灾害抗逆力。物质资本指人们用以维持生计和满足基本需求的基础设施,包括住房(住宅、商业和工业)、基础设施(电力、供水、下水道、电信和交通)以及医院、学校、警察局、消防局等关键设施。经济资本是人们用于维持生计的金融资源,如储蓄或信贷资本。

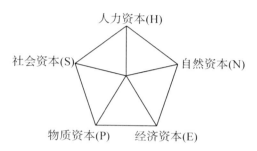

图 2 - 8　可持续生计框架的五边形财产图

综上所述,资本是构建社区抗逆力的关键因素。但是,虽然可持续生计框架强调了减少脆弱性、构建抗逆力所需的关键组成部分,但是该框架过于笼统,各项资本包含的影响变量没有得到具体化,所以很难将其转变为政策规划和减少灾害风险计划的实用测量工具。然而其关于五类资本形式和内容的考虑值得深入思考和借鉴,为我们构建社区抗逆力的复合框架提供了理论基础。

二、社区抗逆力复合框架

虽然以上讨论的理论框架在学科起源上有所不同,但是它们提供了一种新的思维方式,有助于理解社区抗逆力的概念。对托宾(Tobin,1999),马奎尔和哈根(Maguire & Hagan,2007)以及卡特(Cutter)等人(2008)开发的抗逆力相关框架进行整合,可以发现有两个重要组成部分能够用于将社区抗逆力概念化:① 突发事件生命周期;② 社区资本或资产。这些框架的共同点在于都强调灾害管理阶段的活动在建立抗灾能力方面的重要性。此外,可持续生计框架还阐明了社区资本的核心地位。虽然这些框架的提出有助于对灾害抗逆概念的理解,但它们仍然具有高度的理论性质,不能在实践中直接用于衡量社区的抗逆能力。为此,本研究在前人研究的框架基础上综合开发了社区抗逆力的符合框架。

1. 社区灾害抗逆力复合框架(CDRF 复合框架)

结合前文所述两个框架的概念,我们提出了 CDRF 复合框架,如图 2 - 9 所示,提出的 CDRF 有两个主要组成部分:灾害管理阶段(减缓,准备,响应和恢复)和社区资本(社会,经济,物质和人力)的活动。

图 2-9 社区灾害抗逆力框架(CDRF 复合框架)

由于自然资本更多地被视为物理系统的一部分而不是社会系统,且本研究更侧重于社会系统而非物理系统,因此本研究只使用四个社区资本(社会,经济,物质和人力),自然资本不包括在框架中。值得注意的是,排除自然资本并不意味着它在建立抗灾能力方面不那么重要。如前所述,湿地等自然资本在保护沿海社区方面发挥着重要作用。

CDRF 复合框架特别强调了对社区资本和灾害管理阶段活动两种概念进行整合的重要性,图 2-10 进一步说明了社区资本与灾害阶段活动的关系,将四种主要资本形式视为成功开展灾害管理四个阶段活动的重要资产。换言之,这四种主要形式的资本构成了力量、途径和资源,使社区能够开展不同类型的灾害管理活动。

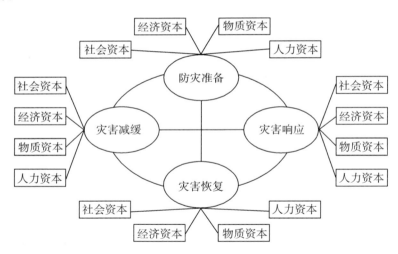

图 2-10 CDRF 复合框架中社区资本与灾害阶段行动之间的关系

因此,通过评估社区对灾难管理四个阶段中必须开展的主要活动的主要资本形式,可以了解和衡量社区的抗灾能力。该框架表明,每个灾害阶段活动的成功实施取决于社会资本、经济资本、物质资本和人力资本。只需在此基础上具体分析各个阶段运用各类资本所涉及的社区抗逆力作用属性,就能够创建一个开发社区抗逆力评价指标的平台基础,进而有利于衡量整体社区的灾难抗逆能力。

2. 社区抗逆力的社会-生态系统框架

结合上文讨论的 CDRF 复合框架,我们进一步开发了一个社会－生态系统视角的社区抗逆力概念框架,最终形成完整的社区抗逆力概念模型(见图 2-11),其中既包括灾害管理阶段的活动和地区资本,也包括将各阶段活动和地区资本串联起来的灾害抗逆力作用属性。

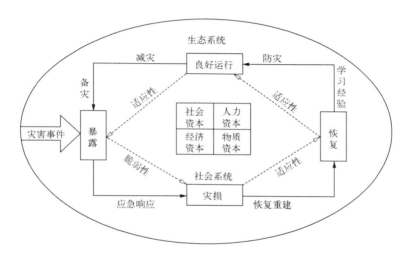

图 2-11　社区灾害抗逆力概念模型

该概念模型的优点在于既可以清晰地展示社区抗逆力的各组成部分之间的相互关系,又能结合灾害管理阶段的活动和地区的各类资本,从社区抗逆力的作用属性出发制订科学合理且具有实操性的社区抗逆力评价指标体系,用于评价社区抗逆力水平,从而为社区规划人员和灾害管理组织提供具体的改进建议。

如图 2-11 所示,社区灾害抗逆力概念模型是一个复杂的复合概念模型,主要由三大部分组成:灾害管理四大阶段活动、社区资本、抗逆力作用属性。三大组成部分相互作用、相辅相成,社区四大资本作为抗逆力的资源和中心,抗逆力作用属性构成抗逆力运用各类资本进行抗逆作用的途径,灾害四大阶段活动则是抗逆力作用的具体表现。系统的抗逆过程可以理解为系统利用资本所进行的灾害管理活动过程,而对系统抗逆过程的评价就是对系统抗逆力水平的评价。系统抗逆力由系统脆弱性和系统适应性共同解释,系统脆弱性与社会系统中各类资本相关的脆弱因子相关,系统利用各类资本所进行的灾害管理活动则是系统适应性的体现。下文将分别详细介绍上述三大组成部分的具体细节。

(1)灾害管理各阶段活动。

灾害管理一般包括四个阶段即防灾减灾、备灾、灾中应急响应以及灾后恢复重建。

防灾减灾是指为减少或消除自然灾害对人类生命和财产造成的长期风险而采取的预防措施。防灾减灾活动侧重于灾前预防,从而减少灾害发生的可能性。根据这些活动是否影响建筑物和土地利用而被分为结构性防灾减灾措施和非结构性防灾减灾措施。结构性措施一般包括通过建筑规范、工程设计和施工实践来加强暴露于危险的建筑物和基础设施以增加结构的抗逆力,例如应对台风、洪水等灾害时建造诸如水坝、堤坝等保护性结构;非结构性措施一般包括通过综合计划和分区规划使新开发项目避开易发生灾害的地区,例如应对气候灾害时通过保护沙丘、湿地、植被和其他吸收或减少危害影响的生态元素来维护自然环境的保护性特征,从而保护人类社会系统。

备灾是指为那些无法通过防灾减灾措施控制的威胁,或者只能实现部分保护的活动提前做好准备。这些活动的基础是灾害冲击将出现的地方,并且需要提前准备计划、程序和资源以支持及时有效地应对威胁。灾害准备活动有两类:一类是灾害预警活动,例如相关部门提前预警灾害发生的时间及严重程度,为后续的响应和恢复工作提供理论基础,协助应急管理人员指导受影响人口及时避灾避险。另一类是旨在提高应急响应效率的活动,包括制订激活和协调应急响应组织的计划,制订标准操作程序以指导组织履行其应急职能,培训应急管理人员等。此外,灾害准备活动还包括进行演习演练、储存资源,如培训应急工作人员和提供医疗保护设备等。

灾中应急响应活动是从检测到灾害事件开始直至灾区情况稳定这段时间内开展的活动。突发事件已经发生,处于发展、演变的状态,承灾体在应急响应过程中处于破坏状态,根据事件的性质、特点和发展趋势,采取相应的应急响应行动和措施。灾害响应活动通常侧重于保护受影响人口及其财产,试图限制初始影响造成的损害,并尽量减少二次影响造成的损害,这些活动包括:保护受影响区域、警告受影响人口、紧急通信、应急信息发布、人员撤离和临时安置、搜救伤员、医疗救助、应急资源分配、庇护撤离人员、组织公民和志愿者参与应急响应工作等等。

灾后恢复重建由那些为修复、重建受损财物以及恢复受到破坏的社会惯例和经济活动而采取的行动组成。根据时间框架可以将灾后恢复分为两个阶段：第一阶段是短期救援恢复，第二阶段是长期重建恢复。第一阶段的工作主要是快速恢复受影响地区的交通通道，重建受影响地区的经济活动和秩序并为受灾者提供住房、衣服和食物以及恢复受灾地区关键基础设施如水电及其他公共服务；补充相关应急资源。第二阶段主要工作是重建主要建筑物，例如房屋、道路、桥梁、水坝，以恢复受灾地区的正常生产和生活状态；采取防止次生和衍生事件发生的措施；对事件造成的损失和影响进行评估，并调查事件原因；根据应急响应过程出现的问题，对应急预案进行评审和修编。

（2）四类地区资本形式。

地区的可持续性和抗逆力取决于其获取和利用各类资本的能力。以下讨论总结了资本的四种主要形式及其在社区灾害抗逆力建设过程中的作用与贡献。

社会资本主要是社会组织的特征，如网络、规范和促进互利协调与合作的社会信任。尽管诸多学者对社会资本的定义方式各种各样，但社会结构、信任、规范和社交网络方面都强调促进集体行动的重要性（格林 & 海恩斯，2015）。在社区抗逆力的背景下，社会资本一般指代社区合作或社区与所在地区的联系，它在灾害期间为社区提供了一个非正式的安全网络，人们可以通过这种网络获取资源。从社区中的个体来看，社区关系和网络允许个人利用其社区中的社会资源，从而提升这些社区充分应对灾难、减少灾难损失的可能性，有助于建立社区抗逆力。从社区中的家庭或群体来看，社区中的社交网络对于建立社区抗逆力也非常重要，包括朋友、亲戚和同事等，他们可以在灾害响应和恢复期间为社区中的家庭或个体提供资源（林德尔 & 普拉特，2003）。

经济资本是人们用来维持生计的金融资源，包括储蓄、收入、投资或企业以及信贷等。由于金融资源能够增加个人、群体和社区吸收灾害影响、加速灾后恢复的能力，因此经济资本在建立社区灾害抗逆力上的重要性是不言而喻的。以个体为单位来看，金融资源较为丰富的人能够以更快的速度从灾难中恢复；以家庭为单位来看，获得信贷和风险保险将会影响家庭采取保护措施的能力，与家庭的灾前准备活动有关（林德尔等，2003）。相关文献表明，稳定的、不断增长的经济通常会提高社区抗逆力，而不健康或衰退的经济则表明脆弱性日益增加（沃尔特，2004）。

物质资本用于描述物理设施环境，包含居民住宅、商业和工业建筑、公共建筑以及水坝和堤坝等建筑环境,还有电力、水、下水道、运输和电信设施等基础设施,以及医院、学校、消防和警察局、疗养院等关键设施。相关灾害研究文献表明物质资本是构建抗灾力最重要的资源之一,因为道路、桥梁、水坝和堤坝等物理基础设施以及通信系统是地区正常运转的基本要素,在应急响应和恢复阶段还要为救灾物资运输、保证地区安全、紧急通信等重要救灾活动提供途径。此外,医院、消防、警察局等关键设施在灾害响应和恢复期间发挥着重要作用,确保人们在响应和恢复阶段能够及时获得应急所需的人力和资源,为医疗救助、人员搜救、人员撤离与临时安置等重要救灾活动提供基础保证。一般而言,缺乏物理基础设施或关键设施可能会对地区准备、响应和从灾难中恢复的能力产生直接的负面影响。

经济学家将人力资本定义为工作年龄人口所体现的能力,使其能够与其他形式的资本一起富有成效地维持经济生产,有时简称为劳动力或工作能力。人口是其他类型资本的使用者,所以人力资本是一项基础资本。人力资本有两个主要组成部分:工作人口群体的教育和健康(英国国际发展署,1999)。教育是指人力资本获取知识和技能的途径,通过教育、培训或经验的形式提高人群的防灾、抗灾知识,将会是构成社区抗逆力人力资本的重要组成。健康也是人力资本的关键衡量因素,因为健康程度较低的人口将缺乏直接利用其他类型资本的能力。在抗逆力背景下,人力资本是最重要的因素,因为如果没有人力资源,承灾主体或系统就无法利用其他类型的资源。

(3) 社区抗逆力作用属性。

根据前文的讨论,社区抗逆力是系统抵抗灾害影响的一种综合属性,它可以由系统的各种内在属性解释。系统的抗逆过程可以理解为是系统利用各类资本所进行的灾害管理活动,系统与灾害相互作用所表现出来的各种属性即社区抗逆力作用属性。根据结果论和过程论,社区抗逆力作用属性可以分为两类,即社区抗逆力作用结果属性和社区抗逆力作用过程属性。

在一个完整的抗逆力作用周期中,灾害抗逆力作用结果属性包括三个方面:暴露度、灾损度、恢复度。暴露度是指地区暴露在灾害下的可能性和强度,以风暴潮灾害为例,如一个地区受风暴潮袭击的次数越多强度越大,则暴露度越高;灾损度表示由于地区暴露在灾害下而遭受的损失程度,如财产损失;恢复度则是指一个地区从灾害不利影响中实现恢复的速度和能力。暴露度和损失度都是某项指标在灾害发生时刻的观测值,而恢复度反映的是某项指标的观测值在灾害发生时刻和灾后恢复完成时刻之间的变化程度,例如人口增长率或经济增长率。

暴露度、灾损度、恢复度的循环过程如图2-11社区抗逆力概念模型所示，在抗逆力作用的一个周期内，系统一般都有一个暴露度初始值，该初始值是上一轮周期的暴露度终值。在系统脆弱性的作用下，当灾害等级突破这一暴露度初始值后产生的灾害影响会给系统造成一定的灾损度，然后系统的适应性属性又会发生作用，修复灾损，实现恢复。

系统从暴露到产生灾损反映了系统的脆弱性，系统从灾损到完成恢复反映了系统的适应性。暴露度、灾损度和恢复度共同揭示了系统脆弱性和适应性水平的高低，脆弱性和适应性是抗逆力三种结果属性之间的潜在关系。脆弱性代表暴露度和灾损度之间的潜在关系，而适应性则表示灾损度和恢复度之间的潜在关系。如果一个地区的暴露度高、灾损度低，则认为该地区的脆弱性低。类似地，如果一个地区的灾损度高，但是恢复度高，那么可以认为该地区的适应性高。

而抗逆力则是脆弱性和适应性的潜在关系。抗逆力就是根据这两种关系或能力来衡量的，可以通过脆弱性/适应性的比值来表示，该比值高则说明抗逆力水平低，而比值低则说明抗逆力水平高。由于本研究重点在于社会系统中的各类资本对其灾害抗逆力水平高低的影响，将从抗逆力作用过程属性来开展研究。

由于涵盖了灾害管理各阶段活动、各类资本形式及抗逆力作用属性，基于社会-生态系统的社区抗逆力动态作用框架提供了开发灾害抗逆力评价指标的平台。

第四节　社区抗逆力的评价指标体系

在社区抗逆力复合概念框架的基础上，结合脆弱性、适应性等概念框架，构建社区抗逆力的评价指标体系，过程如下：① 讨论指标和指数作为衡量灾害抗逆力的一般方法，强调指标和指数应用的重要性；② 根据社区抗逆力概念模型设计并概述选择灾害抗逆力衡量指标的理论框架；③ 确定和制订相关指标体系。

一、社区抗逆力评价指标选取理论框架

指标选取的目标是确保所选指标具有相关性、可衡量性、实用性，最重要的

是反映其所测量的概念。表2-1展示的矩阵框架是用于实现这一目标的指南,是本研究创建社区抗逆力指标体系所遵循的基本逻辑。该框架主要针对四种主要资本形式在各大灾害管理阶段活动过程中分别反映脆弱性属性、适应性属性的具体表现,将其交叉分类,以选取抗逆力指标。

一方面,交叉分类方法一般有助于确定社区资本的独特要素,确保评价体系能够全面覆盖社区抗逆力评价所需的指标。另一方面,本研究所用的交叉分类方法能够保证所选指标的科学性和有效性。以前文开发的社区抗逆力理论为框架,先确定与脆弱性直接相关的致灾因子,划分每个灾害管理阶段与适应性相关的活动,然后从四种主要资本形式的角度具体确定各类指标,以此明确所选指标在社区抗逆力指标体系中的地位、作用效果和作用阶段。相比于前人研究中简单地将大量似乎与社区抗逆力相关的资本指标相结合的做法,本研究采用的指标选取方法更有利于确保社区抗逆力评估的科学性、合理性及有效性。

综上,本研究遵循指标体系设计的基本逻辑,制订了社区抗逆力的衡量标准。社区抗逆力的作用过程属性包括脆弱性和适应性,脆弱性和适应性是抗逆力三种结果属性之间的潜在关系。抗逆力相关文献表明,基于各类资本对抗逆力进行评估是富有成效的方法。因此,基于作用过程属性衡量的灾害抗逆力由脆弱性的衡量和适应性的衡量两部分组成,根据第一章对脆弱性的梳理和本章对灾害抗逆力概念模型的阐述,本节将分别介绍脆弱性评价及适应性评价的理论基础。

(1)脆弱性评价理论基础。

第一章脆弱性内涵综述中已给出其定义,由于本研究将其作为抗逆力作用过程属性的一部分,用于抗逆力的衡量,因此这部分对于脆弱性采取狭义的定义,即系统损失的可能性及其大小。所以,将以影响社区系统灾害损失的影响因子作为脆弱性的评价指标。社区脆弱性评估的目标是尽可能发掘出所有可能使系统遭受灾害影响的因素。

(2)适应性评价理论基础。

适应性是抗逆力概念的重要组成部分,根据社区抗逆力概念模型,抗逆力的适应性作用过程属性体现于四个灾害管理阶段的一系列活动中。因此适应性的评估需要确定每个灾害管理阶段的各种活动,逐一对照每个灾害管理阶段的活动清单,确定开展这些活动所需的各项资本要素,作为适应性评价的指标基础。

(3)社区抗逆力评价指标体系理论框架。

根据以上理论基础,本研究用于开发社区抗逆力评价指标体系的理论框架见表2－1。

表2－1　社区抗逆力评价指标体系理论框架

属性分类	资本			
	社会	经济	物质	人力
脆弱性	一些社会指标如人口密度、道路密度、社会生态环境污染程度等	易受灾害影响的产业经济	易受灾害影响的各类工程、基础设施、农田、房屋、堤坝等	易受灾害影响的人群
适应性之灾中防灾减灾阶段活动	志愿服务组织、社交组织、公民政治参与度、宗教参与、工作场所联系	收入、就业、房屋价值、商业、健康保险	建筑服务、环境、土地和住房规划、财产保险	教育、健康、建筑行业、环境保护、土地和住房规划、财产保险公司等从业人员
适应性之灾后备灾阶段活动	志愿服务组织、社交组织、公民政治参与度、宗教参与、工作场所联系	收入、就业、房屋价值、商业、健康保险	研究组织、高中以上学校组织	教育、健康、保护性组织、研究组织、高中以上学校等从业人员
适应性之灾中应急响应阶段活动	志愿服务组织、社交组织、公民政治参与度、宗教参与、工作场所联系	收入、就业、房屋价值、商业、健康保险	住房服务、关键基础设施、运输服务、传媒服务、应急避难场所、救济服务	教育、健康、保护性组织、传媒业、运输业等从业人员
适应性之灾后恢复重建阶段活动	志愿服务组织、社交组织、公民政治参与度、宗教参与、工作场所联系	收入、就业、房屋价值、商业、健康保险	建筑服务	教育、健康、建筑业、社会服务从业人员

二、社区抗逆力评价指标确定过程

各类资本在社区脆弱性和社区适应性方面分别有不同的衡量指标。根据以上指标体系框架,本研究中与脆弱性程度和适应性活动相关的每类资本的衡量指标如下。

（1）社会资本衡量指标。

许多研究试图定义、衡量及量化社会资本本身及其所产生的影响,然而由于其广泛性和复杂性,社会资本的直接衡量及量化极其困难,因此实证研究一般使用广泛的变量作为社会资本的衡量标准。虽然不同学者对社会资本的界定存在差异,但社会资本是一种集体资本而非个人资本,这一点在学术界已经得到广泛认可,因此本研究选择通过衡量社会公共属性和社会组织关系来衡量地区社会资本水平。

在脆弱性方面,从以下几个角度衡量社会资本脆弱性:社会人口密度、社会生态环境污染程度。一般而言,一旦发生灾害,人口密度愈大的地区潜在的受灾人数愈多,疏散难度也越大;环境污染程度越严重,对生态环境造成的损害越大,从长远来看,对社会脆弱性具有加剧作用。

在适应性方面,根据社会资本在灾害管理每一阶段活动中的应用,适应性社会资本的衡量指标如下。

① 志愿服务组织:如非营利组织机构数量,公共管理、社会保障和社会组织数量。志愿服务组织在灾害发生时能够自发组织支援活动,协助应急管理人员维持秩序、缓解灾情、安置灾民等,其在灾害管理各个阶段都能发挥积极有效的作用,是对政府等正式组织的有利补充。

② 公民政治参与:注册登记的选民数量、人大代表数量、党员数量。公民政治参与程度能够反映公民对于社会的责任感以及参与各类社会活动的积极性,在灾害发生时,政治参与度越高的公民群体对政府灾害管理各阶段活动中的响应程度也就越高。

③ 与工作场所的联系:专业组织和商业组织数量。组织往往能增强个人的归属感,是社会资本的一种主要表现形式。一方面,专业组织和商业组织为其成员提供了生存和发展的平台,为了维持其组织结构形式不受到灾害影响和破坏,其本身具有一定的抗逆能力,例如在我国新型冠状病毒肺炎疫情防控期间,很多大型企业为企业员工备置口罩等防护用品。另一方面,这些组织能在灾害发生时为社区提供一定程度的物质和经济援助,如募捐行为,从而提高整个社区所在环境的灾害应对能力。

(2) 经济资本衡量指标。

在脆弱性方面,经济资本脆弱性衡量指标选取遵循以下原则:暴露性原则和敏感性原则,包括所有暴露在灾害风险内的经济资本,如地区生产总值;以及易受灾害影响的经济形式,如生产总值及其占比、农林牧渔第一产业产值占比和直接表征经济脆弱性水平的失业率等。

在适应性方面,根据经济资本在灾害管理每一阶段活动中的应用,选择适应性经济资本的衡量指标如下。

① 收入:人均收入、家庭平均收入、政府财政收入及支出。收入是衡量一

个地区社会经济发展水平的绝对指标,收入水平越高的地区,其灾害管理体系越成熟,灾害管理水平也越高,可利用的应急资源越多,因此对各类灾害的适应性越强。

② 就业:可直接使用就业率来衡量。安居乐业是人们实现美好幸福生活的基础,就业率可以在一定程度上体现社会经济发展状况,高就业率的地区拥有比较稳定的社会秩序,当地居民对灾害的适应性也就越高。

③ 财产价值:使用住房平均价值来衡量。住房是一种固定资产,具有保值增值的属性,对灾害的敏感性较小,因此拥有住房价值较高的居民对灾害的适应性也较高。

④ 企业数量:在灾害管理各阶段发挥关键作用的各类企业,如水、电、燃气生产和供应业,交运、仓储及邮政业,信息技术服务业,水利、环境和公共设施管理业等。这类企业能够为整个地区提供维持正常运转所需的基础设施类服务,基础设施服务对整个地区在面临灾害时采取应急措施、获取应急物资起关键作用,对适应性水平有重要影响。

⑤ 金融储蓄:金融机构本外币资金存款、住户存款等。资金储蓄反映地区的财富积累水平,充足的财富积累能够为灾害管理各阶段的活动提供资金保障,而且以资金形式存储在金融机构的储蓄对于灾害也具有较强的风险规避性,因此资金储蓄越高的地区对灾害的适应性也越高。

⑥ 保险:有基本医疗保险、健康保险、养老保险、财产保险的人口占比。保险具有转移风险的作用,地区保险密度和深度越高,地区灾害风险分散程度越高,最终因灾造成的损失相对越小,对灾害的适应性越高。

⑦ 经济发达水平:第二、第三产业产值,旅游业收入。第二、第三产业产值和旅游业发展水平最能反映地区经济发达水平。不同类型的灾害对不同产业的影响程度不尽相同,因此社区对不同灾害的抗逆能力还会受到地区产业结构的影响。以台风为例,由于台风灾害对第一产业的影响最大,因此第二、三产业占比较大的地区对台风灾害的适应性更高一些。

⑧ 经济开放程度:实质利用外商投资额、进出口额、出入境旅游人数、接待国内旅游人数等。地区经济开放程度一方面反映经济发展水平,另一方面反映地区与外界保持信息沟通的程度,对于社会资本也是一种贡献,有利于地区在遭受灾害影响后迅速借助外部力量恢复内部发展。

(3) 物质资本衡量指标。

在脆弱性方面,主要衡量易受灾害影响的物质资本形式。如堤坝、桥梁、园林景观、危房建筑等。

在适应性方面,根据物质资本在灾害管理每一阶段活动中的应用,适应性物质资本衡量指标如下。

① 建筑:住房建筑施工组织、重型和土木工程施工组织、公路街道和桥梁建筑施工组织、公用事业系统设施施工组织在内的建筑施工企业个数。以台风灾害为例,台风登陆时往往伴随强风暴雨,对地表建筑物造成极大破坏,灾后需要重建和修复,因此上述各类建筑施工企业越多,地区灾后恢复能力越强。

② 环境:环境咨询机构与环境保护组织数量。环境保护组织机构对于灾害前后自然环境的监测和治理,有助于社区完善灾害预防能力、提高灾害响应和灾后恢复效率,从而实现良好的适应性。

③ 财产保险:财产和意外伤害保险机构数量。灾害对社会系统所造成的破坏主要是财产损失和人身意外伤害,此类保险机构有利于社区居民转移灾害风险。

④ 学校:大专、大学、专业学校等数量。高等学校数量一方面能够反映地区教育程度,另一方面学校场地能够为灾害应急管理提供紧急避难场所。

⑤ 关键设施:医院、医院病床、救护车、消防局、学校、警察局、酒店旅馆等设施的数量。

⑥ 运输:单位车辆数、特殊运力车辆数、公共汽车数。车辆数所代表的物资运输能力对于灾害应急管理阶段具有重要作用。

⑦ 传媒服务:电话服务、互联网服务。灾害发生时,电话、互联网等通信工具的使用水平将会影响灾情信息传递的准确性和及时性,准确及时的灾情信息有利于备灾活动、灾害应急管理活动和灾后快速恢复活动的有效开展。

⑧ 紧急避难所和救济服务:紧急避难场所数。

(4) 人力资本衡量指标。

现有文献中提出的两种最常用的人力资本衡量标准是人口受教育程度与人口健康状况。本研究从灾害脆弱性和灾害适应性出发得出衡量人力资本的指标如下。

在脆弱性方面,人力资本脆弱性衡量指标包括易受灾害影响的人群如老人、儿童、女性、低学历人群、残疾人、失业人口、农业人口等。

在适应性方面,由于人力资本几乎在灾害管理每一阶段活动中都有参与,因此适应性人力资本衡量指标如下。

① 人口受教育程度:高中以上学历人口占比。人口受教育程度越高,其参与灾害管理各阶段活动的自主意愿越高,对地区灾害管理水平的发展具有更大

的助力。

② 医疗水平:医生和医疗保健行业从业者。地区医疗水平是地区应对灾害风险的关键所在,直接影响当地灾害响应阶段的医疗援助能力,因此医疗水平越高,地区对灾害的适应性水平越高。

③ 劳动力(人力资源):建筑行业、环境保护组织、市民保护机构(消防局、警察局、法律机构)、科研、地质、水利、环境、卫生、社保从业人数等。以上类别行业在灾害管理的各阶段都发挥着不可替代的关键作用,因此其从业人员占比越高,从业人员的素质越高,地区的台风灾害适应性水平越高。

根据以上说明,将脆弱性和适应性按四类主要资本交叉分类归纳到表 2-2 中,这种形式有利于我们通过各类子指标集的评分得出影响社区抗逆力水平的关键因素。

表 2-2 社区抗逆力评价因素交叉分类表

属性	资本			
	社会	经济	物质	人力
脆弱性	人口密度、环境污染程度	农林牧渔产值、失业率	堤坝、桥梁、房屋	老人、儿童、女性、低学历人群、残疾人、失业人口、农业人口
适应性	非营利组织数;专业组织和商业组织数量;公共管理、社会保障和社会组织;环境保护水平	人均收入、家庭平均收入、财政支出;就业率;住房平均价值;金融机构储蓄、居民储蓄;进出口总额;接待旅游人次等	城市道路、人均道路面积;人均绿化面积;建筑企业数量;环境咨询机构与环境保护组织数量;财产和意外伤害保险机构数量;大专、大学、专业学校等数量;医院、医院病床、救护车、消防局、学校、警察局、酒店旅馆等数量;单位住房车辆数;电话服务、报纸出版商、广播电台、电视台、互联网服务	高中以上学历人口占比、医生和医疗保健行业从业者、建筑行业、环境保护组织、土地和住房规划机构、土地利用、财产保险机构、市民保护机构(消防局、警察局、法律机构)、研究院、学校等从业者数量

三、社区抗逆力评价指标体系形成

根据以上指标体系理论框架和确定过程,结合数据可获取程度,本研究确定的社区抗逆力评价指标体系见表 2-3。

表 2－3 社区抗逆力评价指标体系表

属性	代号	指标	单位
脆弱性	V_1	人口密度	人/平方千米
	V_2	地区生产总值	元
	V_3	农林牧渔业从业人数占比	％
	V_4	农林牧渔业产值比重	％
	V_5	废水排放量	亿吨
	V_6	工业废气排放量	亿立方米
	V_7	工业烟(粉)尘排放量	万吨
	V_8	工业固体废物产生量	万吨
	V_9	失业人数	人
	V_{10}	桥梁数目	座
	V_{11}	65 岁及以上人口占比	％
	V_{12}	0—14 岁人口占比	％
	V_{13}	女性人口占比	％
适应性	A_1	城市污水处理率	％
	A_2	城市生活垃圾无害化处理率	％
	A_3	地区人均生产总值	元
	A_4	社会团体	个
	A_5	水、电、燃气生产和供应业法人单位占比	％
	A_6	建筑业法人单位占比	％
	A_7	交运、仓储及邮政业法人单位占比	％
	A_8	信息技术服务业法人单位占比	％
	A_9	金融业法人单位占比	％
	A_{10}	科研技术服务业法人单位占比	％
	A_{11}	水利、环境和公共设施管理业法人单位占比	％
	A_{12}	居民服务等行业法人单位占比	％
	A_{13}	教育业法人单位占比	％
	A_{14}	卫生和社会工作业法人单位占比	％
	A_{15}	公共管理和社会保障法人单位占比	％

属性	代号	指标	单位
	A_{16}	各市建筑业企业个数	个
	A_{17}	建筑业企业生产总值占比	%
	A_{18}	建筑业劳动生产率	元/人
	A_{19}	实际利用外商投资额	万美元
	A_{20}	各地区出口总额	亿美元
	A_{21}	各地区进口总额	万美元
	A_{22}	接待入境旅游人数	万人次
	A_{23}	出境游人数	人次
	A_{24}	接待国内旅游人数	万人次
	A_{25}	各市旅游业收入	亿元
	A_{26}	人均一般公共预算支出	元
	A_{27}	第二产业产值比重	%
适应性	A_{28}	第三产业产值比重	%
	A_{29}	住宅平均价值	元/平方米
	A_{30}	各市年末就业人数	万人
	A_{31}	高等教育程度人口	万人
	A_{32}	水、电、燃气生产和供应业从业人数占比	%
	A_{33}	建筑业从业人数占比	%
	A_{34}	交运、仓储及邮政业从业人数占比	%
	A_{35}	信息技术服务业从业人数占比	%
	A_{36}	金融业从业人数占比	%
	A_{37}	科研技术服务业从业人数占比	%
	A_{38}	水利、环境和公共设施管理业从业人数占比	%
	A_{39}	居民服务等行业从业人数占比	%
	A_{40}	教育业从业人数占比	%

属性	代号	指标	单位
适应性	A_{41}	卫生和社会服务业从业人数占比	％
	A_{42}	公共管理和社会保障从业人数占比	％
	A_{43}	金融机构本外币存款余额	亿元
	A_{44}	中外资金融机构本外币住户存款	亿元
	A_{45}	城镇地区居民人均可支配收入	元
	A_{46}	农村地区居民人均可支配收入	元
	A_{47}	城市人均绿地面积	平方米/人
	A_{48}	民用汽车拥有量	辆
	A_{49}	学校数量	所
	A_{50}	每千人医疗机构床位数	张
	A_{51}	每千人卫生技术人员	人
	A_{52}	客运总量	万人
	A_{53}	货运总量	万吨
	A_{54}	邮电业务总量	亿元
	A_{55}	城乡基本养老保险参保人数占比	％
	A_{56}	城乡基本医疗保险参保人数占比	％
	A_{57}	失业保险人数占比	％

第五节　社区抗逆力综合评价模型

社区抗逆力的评价不仅需要构建完善的指标体系，还需要构建合理的评价模型。本节综合主成分分析法（简称 PCA 法）和逼近理想解排序法（简称 TOPSIS法）构建社区抗逆力评价模型。这两种方法单独用于社区抗逆力评价各有优劣，本章主要对 PCA 和 TOPSIS 在地区灾害抗逆力评价中的适用性进行分析，然后取长补短地构建地区灾害抗逆力 PCA－TOPSIS 综合评价模型。

一、主成分分析法

主成分分析法经常用于解决指标数量庞大时的评价问题，通过降维将原本数量庞大的、相关度较高的指标聚合成一组新的互不关联的综合指标,然后结合实际研究需要,从重新聚合的指标中选取较少的几个能够最大限度反映原始指标变量信息的综合指标,组成新的指标体系。为了能够全方位、系统性地评估社区抗逆力,初始评价指标体系中存在大量指标,每个指标都可能在一定程度上反映地区灾害抗逆力的相关信息,但是指标之间往往会有一定的联系和相关性,相互之间所携带的信息会有一定的重叠。通过运用主成分分析,可以降低指标信息的重叠性,提炼出关键的主成分信息。

1. PCA 评价法应用过程分析

PCA 应用的基本过程如下。

(1) 原理。

假定有样本数据矩阵 $\boldsymbol{X} = (\boldsymbol{X}_{ij})_{n \times p}$,其中, n 代表样本数, p 代表指标数, $i = 1, 2, \cdots, n, j = 1, 2, \cdots, p, \boldsymbol{X}_{ij}$ 代表第 i 个样本的第 j 项指标值。

将原变量指标记为 $x_1, x_2, \cdots, x_p$,设将其降维处理后的新变量为 $z_1, z_2, \cdots, z_m$ ($m \leqslant p$),则

$$
\begin{cases}
z_1 = l_{11} x_1 + l_{12} x_2 + \cdots + l_{1p} x_p \\
z_2 = l_{21} x_1 + l_{22} x_2 + \cdots + l_{2p} x_p \\
\cdots\cdots\cdots\cdots \\
z_m = l_{m1} x_1 + l_{m2} x_2 + \cdots + l_{mp} x_p
\end{cases}
$$

系数 l_{ij} 的确定原则是:

① z_i 与 z_j ($i \neq j; i, j = 1, 2, \cdots, m$)相互无关;

② z_1 是 $x_1, x_2, \cdots, x_p$ 的全部线性组合中方差最大者, z_2 是与 z_1 不相关的 $x_1, x_2, \cdots, x_p$ 的全部线性组合中方差最大者; z_m 是与 $z_1, z_2, \cdots, z_{m-1}$ 均不相关的 $x_1, x_2, \cdots, x_p$ 的全部线性组合中方差最大者。

那么新变量指标 $z_1, z_2, \cdots, z_m$ 分别是原始变量指标 $x_1, x_2, \cdots, x_p$ 的第1个,第 2 个, $\cdots$,第 m 个主成分。

因此 PCA 的根本是要确定原始变量 $x_j (j = 1, 2, \cdots, p)$ 在主成分 $z_i (i = 1, 2, \cdots, m)$ 上的荷载 $l_{ij} (i = 1, 2, \cdots, m; j = 1, 2, \cdots, p)$ 。

(2) PCA 计算步骤。

① 原始指标数据的标准化采集。

构建样本数据矩阵 $\boldsymbol{X} = (\boldsymbol{X}_{ij})_{n \times p}$,其中, n 代表样本数, p 代表指标数, $i =$

$1,2,\cdots,n,j=1,2,\cdots,p,\boldsymbol{X}_{ij}$ 代表第 i 个样本的第 j 项指标值。对样本矩阵进行如下标准化转换: $\boldsymbol{Z}_{ij}=\dfrac{x_{ij}-\bar{x}_j}{s_j},i=1,2,\cdots,n,j=1,2,\cdots,p$, 其中 $\bar{x}_j=$

$\dfrac{\sum\limits_{i=1}^{n}x_{ij}}{n},s_j^2=\dfrac{\sum{(x_{ij}-\bar{x}_j)^2}}{n-1}$。

② 求标准化矩阵 $\boldsymbol{Z}$ 的相关系数矩阵。

相关系数矩阵 $\boldsymbol{R}=(r_{jk})_{p\times p},k=1,2,\cdots,p$。$r_{jk}$ 为指标 j 与指标 k 的相关系数: $r_{jk}=\dfrac{1}{n-1}\sum\limits_{i=1}^{n}\left[\dfrac{(x_{ij}-\bar{x}_j)^2}{s_j}\right]\left[\dfrac{(x_{ik}-\bar{x}_k)^2}{s_k}\right]$, 即 $r_{jk}=\dfrac{1}{n-1}\sum\limits_{i=1}^{n}z_{ij}z_{ik}$, 有 $r_{ij}=1,r_{jk}=r_{kj}$。

③ 求相关矩阵 $\boldsymbol{R}$ 的特征根和特征向量,确定主成分。

由特征方程 $|\boldsymbol{R}-\lambda\boldsymbol{E}|=0$, 可求得 p 个非负特征根 $\lambda_g(g=1,2,\cdots,p)$, 将 λ_g 按大小顺序排列为 $\lambda_1\geqslant\lambda_2\geqslant\cdots\geqslant\lambda_p\geqslant0$。

分别求出对应于特征根 λ_i 的特征向量 $\boldsymbol{e}_i(i=1,2,\cdots,p)$, 要求 $\|\boldsymbol{e}_i\|=1$, 即 $\sum\limits_{j=1}^{p}\boldsymbol{e}_{ij}^2=1$, 其中 $\boldsymbol{e}_{ij}$ 表示向量 $\boldsymbol{e}_i$ 的第 j 个分量。

④ 确定主成分个数。

方差的贡献率为 $\alpha_i=\lambda_i/\sum\limits_{i=1}^{p}\lambda_i$, α_i 值愈大,代表其所对应的主成分反映的综合信息愈多,一般选择可较好反映原始变量信息的累积方差贡献率 $\sum\limits_{g=1}^{k}\dfrac{\lambda_g}{\sum\limits_{g=1}^{k}\lambda_g}\geqslant$ 0.85 的若干主成分。

⑤ 计算主成分载荷。

$$l_{ij}=p(z_i,x_j)=\sqrt{\lambda_i}\,\boldsymbol{e}_{ij}(i=1,2,\cdots,m;j=1,2,\cdots,p)$$

⑥ 各主成分得分。

$$\boldsymbol{Z}=\begin{pmatrix} z_{11} & z_{12} & \cdots & z_{1m} \\ \vdots & & & \vdots \\ z_{n1} & z_{n2} & \cdots & z_{nm} \end{pmatrix}$$

计算在 m 个主成分上的得分:

$$\boldsymbol{F}_g=l_{g1}\,Z_1+l_{g2}\,Z_2+\cdots+l_{gn}\,Z_m$$

2. PCA 评价法应用特点分析

PCA 方法的优点在于降维,在原始变量数量庞大的情形下,选择数量较少的综合变量集中了原始变量大部分信息,一般得出的综合变量所携带的信息是原始变量信息的 85% 以上,在应用上侧重于对信息贡献影响力的综合评价。因此,通过计算综合主成分得分便可以得出主成分所代表的关键影响因素,同时保证评价的科学性。但是 PCA 方法也存在局限性,当众多的评价指标中既存在正向指标又存在负向指标时,容易影响主成分命名的清晰性。

二、逼近理想解排序法(TOPSIS 法)

TOPSIS 法通过评价若干对象与理想目标的接近程度,进而评价对象的相对优劣,目前已作为一种常用的决策分析方法,在各类社会科学研究中得到广泛使用。本研究主要利用 TOPSIS 评价社区的脆弱性程度与理想脆弱性程度、适应性能力与理想适应性能力之间的接近程度,最终得到社区抗逆力的综合评价结果。

1. TOPSIS 法应用过程分析

TOPSIS 法的应用过程如下。

(1) 构建原始数据矩阵。

设总共有 n 个待评价区域,每个区域总共有 m 个评价指标,则构成原始数据矩阵 $\boldsymbol{X}$。

$$\boldsymbol{X} = \begin{bmatrix} x_{11} & x_{12} & \cdots & x_{1m} \\ \vdots & & & \vdots \\ x_{n1} & x_{n2} & \cdots & x_{nm} \end{bmatrix}$$

(2) 数据的标准化。

在原始评价指标中,既有正向指标也有负向指标,故须作标准化处理。

对于正向指标:$\boldsymbol{Z}_{ij} = x_{ij} \left/ \sqrt{\sum_{i}^{n} x_{ij}^2} \right.$

对于负向指标:$\boldsymbol{Z}_{ij} = \left(\dfrac{1}{x_{ij}}\right) \left/ \sqrt{\sum_{i}^{n} x_{ij}^2} \right.$

式中:$i = 1, 2, \cdots, n$;$j = 1, 2, \cdots, m$。

然后得到规范化矩阵 Z。

$$Z = \begin{bmatrix} z_{11} & z_{12} & \cdots & z_{1m} \\ \vdots & & & \vdots \\ z_{n1} & z_{n2} & \cdots & z_{nn} \end{bmatrix}$$

（3）确定最优和最劣解向量。

最优解向量和最劣解向量表达如下：

$$Z^+ = (Z_1^+, Z_2^+, \cdots, Z_m^+), Z^- = (Z_1^-, Z_2^-, \cdots, Z_m^-)。$$

其中：$Z_j^+ = \max(z_{1j}, z_{2j}, \cdots, z_{nj}), Z_j^- = \min(z_{1j}, z_{2j}, \cdots, z_{nj}), j = 1, 2, \cdots, m。$

（4）计算到理想解的距离。

与最优解的距离：$S^+ = \sqrt{\sum_j^m (Z_i^+ - z_{ij})^2}$

与最劣解的距离：$S^- = \sqrt{\sum_j^m (Z_i^- - z_{ij})^2}$

其中：S^+ 和 S^- 表示欧式距离，$i = 1, 2, \cdots, m。$

（5）综合评价。

与最优解相对接近程度：

$$C_i = S_i^- / (S_i^+ + S_i^-)$$

最后按照 C_i 值的大小将评价对象进行排序，C_i 值越大表明该地区的灾害抗逆力水平越高，反之则越低。

2. TOPSIS 法应用特点分析

TOPSIS 法是一种常用的组内综合评价方法，能充分利用原始数据的信息，其结果能精确地反映各评价方案之间的差距，具有真实、直观、可靠的优点，且该方法对数据分布及样本含量没有严格限制，数据计算简单易行。然而 TOPSIS 法也存在如下缺点：① 当变量较多时，求规范决策矩阵会比较复杂，不易求出正理想解和负理想解；② TOPSIS 评价的权重是事先确定的，其值通常是主观值，因而具有一定的随意性。

三、灾害抗逆力 PCA - TOPSIS 综合评价模型

基于第三节的社区抗逆力复合概念框架和以上对 PCA 和 TOPSIS 评价方

法的分析,开发如图2-12所示的社区灾害抗逆力评价模型,该评价模型主要展示本研究衡量抗逆力的方法和过程,揭示如何通过概念模型中的抗逆力作用过程属性衡量抗逆力。

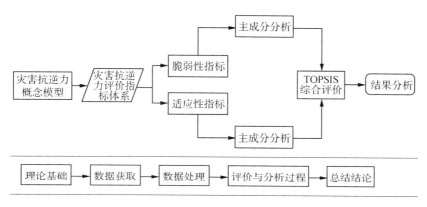

图 2‑12　社区抗逆力综合评价模型

社区抗逆力复合框架基本上解决了抗逆力指标的选择和聚合问题,而社区抗逆力评价模型则主要解决了对所得的指标体系的综合评估问题。该评价模型的理论基础是本章第四节设计的社区抗逆力评价指标体系,包括脆弱性子指标体系和适应性子指标体系。具体评价过程如下:首先,根据反映社区脆弱性和适应性的相关指标得出灾害抗逆力评价指标体系;其次,采取主成分分析法分别对脆弱性子指标体系和适应性子指标体系进行评估,得出脆弱性评价值和适应性评价值,这种分类评价法有利于主成分分析命名的清晰性,从而有利于识别社区抗逆力的关键影响因素;最后,采用 TOPSIS 评价方法对社区抗逆力的两大因素进行综合评价,得出不同社区的抗逆力综合评价值,并对所有社区样本按照抗逆力水平的高低进行分类。

该模型综合对 PCA 和 TOPSIS 方法进行了有机结合、取长补短。TOPSIS 方法不适用于指标数量过大的问题,而社区抗逆力指标数量庞大,因此首先采用 PCA 方法对指标进行降维,然后对于降维得到的主成分进行 TOPSIS 分析,实现了两种方法的合理互补。

本节重点在于基于社区抗逆力概念模型设计了与之相契合的社区抗逆力综合评价模型,分别从社区脆弱性和社区适应性两大属性构建指标体系,并运用 PCA 法对两大属性分别进行评价,然后运用 TOPSIS 综合评价社区脆弱性和适应性,最终完成对地区灾害抗逆力的综合评价。

第三章 社区脆弱性与抗逆力
评价实证分析

本章将利用上文对社区抗逆力的理论研究成果进行实证分析,构建一般情形下的社区脆弱性和社区抗逆力的评价模型,分别以南京Q社区和N大学鼓楼校区为例,根据社区实际情形的需要,选择相应案例中的指标体系和评价方法,展开案例分析。

第一节 Q社区脆弱性综合评价实证分析

一、社区脆弱性综合评价指标选取与模型构建

1. 社区脆弱性综合评价过程

脆弱性研究的具体步骤如图3-1所示。

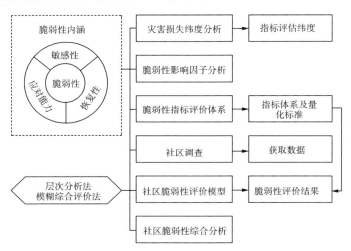

图3-1 脆弱性综合评价研究步骤

本研究的脆弱性评估步骤中需要解决的问题主要包括以下两个方面。

第一,从灾害带来的损失入手,确定灾害损失的三个因素,反推脆弱性指标选择的参照因素。结合脆弱性基本内涵,分析具体影响因素,确定指标所属因素及层次,形成指标评估基本模型,以目标层、准则层和方案层三层指标为系统,明确确定脆弱性指标的量化标准及量化参数,形成对社区脆弱性程度评估的完整体系。

第二,在指标模型基础上进行社区脆弱性评估:首先进行脆弱性指标权重的确定,以层次分析法(AHP法)为主要方法,通过判断矩阵和一致性检验等过程,形成指标的权重矩阵;其次进行指标脆弱性高低程度的模糊评估,形成指标脆弱性高低程度隶属度矩阵;最后结合指标体系、权重矩阵、隶属度矩阵进行脆弱性的评估分析,得出社区脆弱性结果。

2. 指标选取

首先按照目标层、准则层、方案层三个大层次对脆弱性评价体系进行分解。其中目标层是最上层,是评价的最终目标,即脆弱性;准则层就是根据目标层的实际情况再分为若干层次;方案层处于指标层次模型最底层,主要包括实现目标层中的目标的具体操作指标。

从脆弱性的内涵出发,确定脆弱性指标体系的准则层。脆弱性是特定对象在突发灾害情境下暴露程度、重要程度、应对能力和恢复能力的综合,其中暴露程度和重要程度都属于脆弱性内涵中的敏感性范围。所以,本研究确定的脆弱性指标体系准则层分为敏感性、应对能力、恢复能力三方面,这三个准则层的侧重点和特征如表3-1所示。

表 3-1　脆弱性评估的准则层指标

准则层	侧重点	属性特征	视角跨度
敏感性	灾害发生前	静态	微观
应对能力	灾害发生中	动态	中微观
恢复能力	灾害发生后	动态	宏观

敏感性从静态角度出发,考察承灾系统在自然灾害发生前的一种微观状态,侧重于描述和评价承灾系统自身在经济人文方面、地理自然环境方面的特点及与脆弱性的联系。应对能力从动态角度出发,考察了在自然灾害发生时承灾系统的有效应对、降低损失的能力,因为期间会有更多的人员、物力、财力介入,所以应对能力的考察不再限于承灾系统自身的应对。恢复能力则从更加长期的视

角着手,承灾系统在遭受自然灾害之后,受到了社会各界的关注和援助,汇聚了更为广泛的恢复力量,涉及的参与主体更加多层次、多元化。

由于脆弱性与灾害受损相关,致灾因子是脆弱性的基本构成之一,所以借助灾害损失因素确定的各明细指标,得以对社区某一因素的能力、某一因素的脆弱性程度以及灾害可能对该因素带来的伤害有更清晰的认识,且有助于逐步形成社区脆弱性评估指标体系。因此,在脆弱性中心内涵基础上,将从灾害损失类型的三个因素(经济因素、社会因素、环境因素)对脆弱性评价体系的准则层进行进一步细分,反映社区分别在这三方面具有的脆弱性,使之成为可操作的方案层指标,具有更强的可行性。

脆弱性的准则层指标细分如表 3－2 所示。

表 3－2　准则层指标细分

中心指标	指标因素	评估指标
敏感性	经济/社会因素	暴露程度
	环境因素	重要程度
应对能力	经济因素	社区经济实力
	社会因素	人员应灾能力、日常预防情况、应急资源配置情况
	环境因素	迅速逃离的可能性、社区内建筑的老旧程度
恢复能力	经济因素	社区的经济实力、地区的经济实力
	社会因素	保险救助政策、身体健康恢复能力、心理疏导机制
	环境因素	交通便利程度、建筑物坚固程度

在上述基础上进行准则层指标的进一步划分,确定各因素下的评估指标。

3. 指标量化标准

在文献分析和实践研究的基础上,确定了评分分值 1—5 的脆弱性水平。每个方案层指标的脆弱性程度表示为 1 到 5 之间的数字,1 表示该指标所反映的社区能力不脆弱,5 表示严重脆弱,中间的 2、3、4 表示不同的脆弱性程度。其中,每个方案层指标的脆弱性程度存在一系列定量的评价标准,方便对各指标所反映的社区能力进行量化以及确定脆弱性程度,评价标准中所用的参数和标准因指标而异。接下来将依次阐述每个细分指标的评价标准。

(1)敏感性。

敏感性准则层主要反映社区在灾害情境下的易受攻击程度和敏感程度,

即暴露性和重要性。从自然灾害发生的强度和频率两方面考察社区的敏感性,主要通过对灾情历史数据的分析来评价社区在过去几年中在灾害发生时的敏感性。

① 经济和社会因素——社区重要程度。

敏感性的经济因素主要考察社区的经济性重要程度,经济性水平越高,重要性越高,灾害发生时受到的直接经济损失、间接经济损失越大。比如,在灾害种类、受灾程度和其他条件相同的情况下,城市社区比农村社区遭受的损失更大,因为城市的经济贡献度、经济多样化程度以及基础设施建设水平更高,所以在遭受同等灾害时可能出现的财产损失更大,对于当地所在区域经济发展的影响更大。

社会因素主要反映社区的重要程度,以人口密集程度作为代表指标。人口、生命、人才的价值是无限的,人口密集程度正是社区重要性的一种反映。一般来讲,如果人口密集程度高,在自然灾害来临时,单位面积发生人员伤亡的预期数量就可能高,脆弱性也可能就高。综合经济因素与社会因素,社区重要程度评分标准如表 3-3 所示。

表 3-3　社区重要程度评分标准

分值	评价标准
5	大规模的人员伤亡;大量经济损失;对人居环境有毁灭性的破坏
4	小规模人员死亡和大量人员受伤;严重的经济损失;对环境产生长期破坏
3	没有人员伤亡,但有部分人员需要特殊救护;较严重的经济损失;环境破坏较小,但需要较长时间恢复
2	没有人员伤亡,小部分人需要特殊防护;轻微财产损失;环境破坏较小,短时间内可以恢复
1	没有人员伤亡和财产损失;人居环境未被破坏

② 环境因素——社区暴露程度。

敏感性的环境因素主要反映社区处于自然灾害时的暴露性。暴露性一方面可能来自自然致灾因子,另一方面可能来自人为因素作用于自然环境引致的突发灾害。考虑到自然灾害的形成原因与过程十分复杂,为了简化问题,采用以 5 年为基准的自然灾害发生频率来度量突发灾害情境下社区的暴露性。灾害发生频率越高,社区在灾害情境下的暴露程度越高。社区暴露程度评分标准如表 3-4 所示。

表 3-4 社区暴露程度评分标准

分值	评价标准
5	1年发生自然灾害三次以上
4	1年发生自然灾害三次以下
3	1—3年发生自然灾害一次
2	3—5年发生自然灾害一次
1	5年以上发生自然灾害一次

(2) 应对能力。

① 经济因素。

应对能力的经济因素体现在社区群体的收入水平上。低收入群体的脆弱性通常较高,一方面,低收入群体缺乏足够的经济收入准备灾前预防工作,所以在同等灾害情形下容易产生较大的灾害损失;另一方面,单位经济损失占据低收入群体的收入比例较高,所以在灾害发生时遭受的损失将会对其正常生活产生较大影响。相对的,高收入群体在灾前有条件进行充分的应急准备,灾害发生时遭受的灾害损失对其正常生活的影响也相对较小。对于社区整体而言,低收入群体占比将会影响社区应对灾害的经济能力,社区人员的收入水平分布情况将会影响社区脆弱性水平,所以可通过对社区人群低收入阶层所占比重的分析来表征社区的经济实力,即低收入人口数量在社区总人口中的占比。社区低保人群比重评分标准如表 3-5。

表 3-5 社区低保人群比重评分标准

分值	评价标准
5	低收入人群占比大于20%
4	低收入人群占比15%—20%
3	低收入人群占比10%—15%
2	低收入人群占比5%—10%
1	低收入人群占比小于5%

② 社会因素。

应对能力的社会因素主要从人口因素和应急投入方面进行脆弱性评价。

在人口因素方面,选取的指标有 60 岁以上人口比重、病残人口比重和低文化程度人员比重,其中病残人口主要是指长期病残人口,不包括短期疾病或短期受伤人员;低文化程度人员主要指年龄在 18 岁以上、学历在初中及以下的人口。人口因素反映社区人群面临灾害时的抵抗意识和响应能力,老弱病残群体在应对灾害时的反应速度较慢、行动速度迟缓,而文化程度较低的群体通常在灾害应急、受伤自救等方面的知识较为缺乏,应对逆境的心理抵抗能力较弱,所以这类群体都属于灾害应急中的弱势群体。60 岁以上人口比重、病残人口比重和低文化程度人员比重这三类人口因素评分标准如表 3-6 所示。

表 3-6　人口因素评分标准

分值	评价标准
5	占比大于 40%
4	占比 30%—40%
3	占比 20%—30%
2	占比 10%—20%
1	占比小于 10%

应急投入主要反映社区公共资源在公共应急管理方面的投入程度,包括日常预防活动(如应急宣传、技能培训、消防演练等)、应急资源配置情况(如消防设施、物资储备、紧急救助站、医院、派出所等)。应急投入反映了社区将应急管理纳入社区常规管理的意识和程度,对社区降低灾害损失具有重要意义。日常预防活动频繁、应急资源配置充分的社区能够有效降低应对突发灾害时的脆弱性。表 3-7 是日常预防活动评分标准,表 3-8 是应急资源配置评分标准。

表 3-7　日常预防活动评分标准

分值	评价标准
5	应急宣传、技能培训、消防演练等消防活动 3 年以上组织 1 次
4	应急宣传、技能培训、消防演练等消防活动 2—3 年组织 1 次
3	应急宣传、技能培训、消防演练等消防活动 1—2 年组织 1 次
2	应急宣传、技能培训、消防演练等消防活动 1 年组织 1 次
1	应急宣传、技能培训、消防演练等消防活动 1 年组织 2 次

表 3 - 8 应急资源配置评分标准

分值	评价标准
5	配有应急设备、应急物资储备、紧急救助站、医院、派出所中的一类或没有
4	配有应急设备、应急物资储备、紧急救助站、医院、派出所中的两类
3	配有应急设备、应急物资储备、紧急救助站、医院、派出所中的三类
2	配有应急设备、应急物资储备、紧急救助站、医院、派出所中的四类
1	配有应急设备、应急物资储备、紧急救助站、医院、派出所

③ 环境因素。

针对不同地域特点的社区而言，应对能力的环境因素可采取的指标差异较大。例如沿海地区的社区应重点考虑海啸、风暴潮等海洋灾害发生的可能性与损失程度，以及防洪堤坝等防护措施的强度；植被较多的山区应重点考虑森林火灾等灾害造成的威胁，以及森林防火带等防护措施的强度；城市社区的环境评价中可以忽略农作物病虫害等生物灾害。考虑到不同社区的环境特点，应该首先明确社区面临的主要灾种，再选择相应的评价指标。

鉴于研究的通用性，本项研究主要考察静态人居环境的应对能力，所以采用低楼层建筑比例指标，用于评价房屋建筑的稳健程度，从而反映社区脆弱性的环境属性。以七层作为临界，七层以下可认为是低楼层，以七层楼以下建筑的比例，作为房屋建筑稳健程度的评价标准。低楼层建筑的比例，一方面考察了在居住环境方面容许迅速逃离的可能性，以地震灾害为例，在地震来临时，低楼层用户能够以更大的可能性迅速逃离建筑物，躲避到安全空地或其他避难场所；相对地，高楼层住户距离地面较远，下楼过程容易拥堵，情况危急时发生其他不幸事故的可能性更高。另一方面，低楼层房屋多是相对早年的建筑，老旧程度较高，发生坍塌的可能性也更大，在灾害发生时脆弱性更高。因此，用低楼层房屋比例这个指标来考察上述两种情况，逃离可能性的评价标准见表 3 - 9，老旧程度的评价标准见表 3 - 10。

表 3 - 9 低楼层建筑比例——逃离可能性

分值	评价标准
5	低楼层建筑占比小于 10%
4	低楼层建筑占比 10%—30%
3	低楼层建筑占比 30%—50%
2	低楼层建筑占比 50%—70%
1	低楼层建筑比例大于 70%

表 3‑10　低楼层建筑比例——老旧程度

分值	评价标准
5	低楼层建筑比例大于 70%
4	低楼层建筑占比 50%—70%
3	低楼层建筑占比 30%—50%
2	低楼层建筑占比 10%—30%
1	低楼层建筑占比小于 10%

（3）恢复能力。

① 经济因素。

恢复能力的经济因素方面可以根据研究尺度选取两种指标：一是低保人员（月收入低于最低生活标准）比例，用于反映社区经济实力；二是近五年地区 GDP 水平在同等地区中的排名，用于反映社区所在地区的经济实力。由于研究所考察的社区主要是人居型社区，重要的是居民自己的经济实力，从其人均收入可以较为全面地反映其灾后的持续恢复能力，所以以社区低保人员比重反映社区本身的经济实力。地区 GDP 水平是地区经济发展实力对社区灾后的支持救援能力，经济实力雄厚的地区通常能够对受灾社区进行较大力度较为长期的救援恢复支持。低保人群比例的评分标准与表 3‑5 一致，地区 GDP 水平的评估标准见表 3‑11。

表 3‑11　地区的 GDP 水平评分标准

分值	评价标准
5	近五年该地区 GDP 年均水平在全国同等地区排名的 21 位之后
4	近五年该地区 GDP 年均水平在全国同等地区中的排名在 16—20 位
3	近五年该地区 GDP 年均水平在全国同等地区中的排名在 11—15 位
2	近五年该地区 GDP 年均水平在全国同等地区中的排名在 6—10 位
1	近五年该地区 GDP 年均水平在全国同等地区中的排名在前 5 位

② 社会因素。

恢复能力的社会因素包括灾害意外险覆盖范围、弱势群体占比和心理疏导机制三个方面。社区灾害意外险覆盖比例侧重反映社区人群通过灾害险获得的恢复能力，社区人员可利用保险金额缓冲灾害导致的经济损失，从而降低脆弱性。高龄人群、病残人员比例反映社区人群自身的健康恢复状况，弱势人群比重越大，社区在人群健康恢复方面的脆弱性越高。此外，考虑社区成员在健康恢复过程中精神或心理的恢复情况,心理辅导与调节活动能够改善社区人群应对灾害时的心理承受能力,降低人群精神损失。通过心理辅导活动开展频率指标测度心理疏导机制水平,心理辅导活动开展的频率越高,社区人群在心理恢复方面的自我调节能力和外在调节意识就越强,越能够早日恢复到正常的精神状态水平,积极恢复生产生活。

病残人员比例、60岁以上人口比例的评价标准与表3-6一致。灾害意外险覆盖范围评分标准见表3-12,心理疏导机制评分标准见表3-13。

表3-12　灾害意外险覆盖范围评分标准

分值	评价标准
5	覆盖比例小于20%
4	覆盖比例20%—40%
3	覆盖比例40%—60%
2	覆盖比例60%—80%
1	覆盖比例大于80%

表3-13　心理疏导机制评分标准

分值	评价标准
5	心理辅导活动三年以上开展一次
4	心理辅导活动三年开展一次
3	心理辅导活动两年开展一次
2	心理辅导活动一年开展一次
1	心理辅导活动一年开展两次

③ 环境因素。

恢复能力的环境因素主要选取社区低楼层建筑比例和交通便利程度两个指标。

从灾后建筑清理和重建过程的难易来看,低楼层建筑比重越大,受到损害后清理的复杂度相对高层建筑较小、恢复重建速度也较快。所以社区的建筑物坚固程度(老旧程度)在一定程度上体现了恢复能力,老旧程度低,在灾害时受到伤害的可能性低,那么需要在灾后恢复的比例也就小。社区低楼层建筑比例的具体评价标准与表3-10一致。

交通便利程度是指到主干街道所需的时间,主干街道是指有双向车道、公交站牌的街道,该指标旨在通过交通便利情况来表征社区在恢复过程中应急资源流入以及对外通信的情况,交通便利性好,有助于社区在灾后的快速恢复。交通便利程度的具体评价标准见表 3－14。

表 3－14　交通便利程度(到主干街道所需的时间)评分标准

分值	评价标准
5	到主干街道需要 20 分钟以上
4	到主干街道需要 15—20 分钟
3	到主干街道需要 10—15 分钟
2	到主干街道需要 5—10 分钟
1	到主干街道需要小于 5 分钟

4. 模型构建

(1) 社区脆弱性综合评价模型构建流程。

社区脆弱性的综合评价模型构建流程如图 3－2 所示。

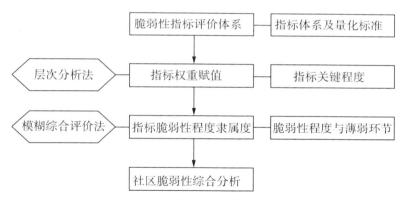

图 3－2　社区脆弱性的综合评价模型构建流程

采用层次分析法(AHP 法)和模糊综合评价法(FCE 法)的复合方法,构建社区脆弱性的综合评价模型。通过层次分析法确定各项指标权重,发现对于脆弱性具有重要影响的关键指标;再结合模糊综合评价法建立隶属度矩阵,得出各项指标的脆弱性隶属度以及社区脆弱性隶属度,最终得出社区脆弱性评价结果。

(2) 社区脆弱性综合评价标准。

本研究在以上各操作层指标量化基础上,借助层次分析法和模糊综合评价法,最终形成突发灾害情境下城市社区的脆弱性程度隶属度矩阵,并根据最大隶属度原则确定最终脆弱性程度。1 到 5 所代表的城市社区脆弱性程度的含义分别为不脆弱、较不脆弱、一般脆弱、比较脆弱和严重脆弱,详细的评价标准如表 3－15 所示。

表 3‒15　社区脆弱性综合评价标准

社区脆弱性	评价标准
5	社区严重脆弱,在灾害突发时可能会出现大规模的人员伤亡和经济损失;对人居环境有毁灭性的破坏
4	社区比较脆弱,在灾害突发时可能会出现小规模人员死亡、大量人员受伤和较严重的经济损失;对环境造成的破坏有长期影响
3	社区一般脆弱,在灾害突发时可能不会出现人员伤亡,但有部分人员需要特殊救护,会出现一定程度的经济损失;环境遭受的破坏较小,但需要较长时间恢复
2	社区较不脆弱,在灾害突发时可能没有人员伤亡,小部分人需要特殊防护,有轻微财产损失;环境遭受的破坏较小,短时间内可以恢复
1	社区不脆弱,在灾害突发时可能没有人员伤亡和财产损失;不会对人居环境造成破坏

按照以上评估标准,脆弱性评估结果能够解释脆弱性程度的高低带给社区的损失和影响。如果社区的脆弱性程度评估得分为 1,则认为脆弱性较小,面临突发灾害时,社区居民能够有效应对,快速响应,并迅速恢复至常态。如果脆弱性评估结果得分为 5,意味着社区脆弱性已经非常高,降低社区脆弱性的任务刻不容缓,必须尽快排除安全隐患、完善应急设备配置、增加应急资源储备,并加强应急管理活动,从而提高社区成员的应灾意识和应灾能力。

二、Q 社区概况

Q 社区位于江苏省南京市。南京市地处中国东部地区,长江下游,濒江近海,地处北亚热带,属亚热带季风气候,雨量充沛,四季分明,年平均温度 15.4 ℃,年极端气温最高 39.7 ℃,最低—13.1 ℃。

Q 社区东至中山路、西至上海路、南近广州路、北临汉口路。社区内主要街道有 Q、汉口路、小粉桥,社区附近的主干街道有上海路、广州路、中山路。占地面积 0.325 平方千米,2013 年常住人口 7 446 人,流动人口 15 000 人,低保人口 40 人,高龄老人 1 340 人,病残 53 人。辖区内有南京供电公司、南京市儿童医院、南京急救中心、大学生活区、汉口路小学等学校及社会办学点、华侨路工商所、省档案局、总装备部南京军事代表局等单位。

该社区的特点是:第一,人口密集、人员流动频繁,人口素质参差不齐,管理存在困难,社区活动的普及程度有限;第二,地处市区,四面通达,在急救物资运输、人员救治、社区重建上的交通条件良好,在面临灾害时能够利用交通便利条件进行有效响应;第三,社区内有大学生活区、汉口路小学、南京市儿童医院、大学校医院等敏感区域,这些敏感区域具有两面性,既可能在灾害来临时遭受重创,又会是应对灾害和事后恢复过程中的重要依靠力量;第四,社区内有陈裕光故居、冯铁裴故居等多处民国建筑,作为文化遗产,是社区暴露于自然灾害中较为重要的人文财富。

三、数据收集与统计分析

1. 实证数据收集

采用三种途径进行数据收集:社区实地问卷调研、社区居委会访谈、社区相关资料的网上搜集。

在实地走访阶段,主要通过问卷对社区常住居民进行调查,从而了解社区自然灾害发生频度和强度的数据,一共发放问卷 300 份,收回有效问卷 283 份。通过问卷调研探查 Q 社区暴露于自然灾害下的程度、社区的重要程度、面临自然灾害时遭受损失伤亡的情况、社区居民的灾害意外险参保情况、社区的应急资源配置情况、社区居民参加日常灾害预防的情况、社区居民参与心理疏导活动的情况等,收集社区与自然灾害脆弱性评估相关的数据。

在社区居委会访谈和搜集资料的环节中,主要收集社区在人员收入、人口密度、保险救助、应急资源配置、人口结构、建筑构造、应急资源投入和社区应急物资可达性等方面的定量数据。

2. 数据分析

(1) 人口结构。

问卷调查显示,调查对象中女性占比 53.5%,男性 46.5%,男女居民较为均衡;58.14% 的人年龄在 16—35 岁之间,在这个年龄段的人群占比较多;初中及以下人员比重在 20.93%,高中/专科学历占比 30.23%,大学本科占比 34.88%,硕士及以上 13.95%,所以 79.06% 的人学历在高中及以上。

(2) 社区生活。

在社区居住 2 年以下的调查对象占比 13.95%,在社区居住 2—5 年的人占比 34.88%,在社区居住 6—10 年占比 20.93%,在社区居住 10 年以上的居民占比 30.23%,所以 86.04% 的人在该社区已经居住 2 年以上。在灾时社区遭受伤亡和损失的情况调查中,79.07% 的居民认为没有人员伤亡、小部分人需要特殊防护、有轻微财产损失、对环境造成的破坏较小、短时间内可以恢复,20.93%的居民认为没有人员伤亡和财产损失、没有人居环境被破坏;在社区自然灾害发生频率的调查中,18.6%的居民认为社区自然灾害 3—5 年发生一次,81.40%的居民认为社区自然灾害发生的频率是 5 年以上发生一次。

(3) 日常预防。

问卷调查发现 41.86%的人不会经常参与日常的应急预防活动,23.26%的居民 2—3 年参加一次,所以 65.12%的居民没有经常参与社区或工作单位的灾害应急消防活动;48.84%的居民认为社区大概三年以上举办一次心理疏导活动,社区举办或者居民参与心理疏导活动的频次并不高。

(4) 城市社区位置特点。

考虑到城市社区的具体位置特点,问卷收集结果显示 51.16%的居民认为到主干街道所需时间在 5—10 分钟左右,25.58%的居民认为在 5 分钟之内就能到达主干街道。

(5) 城市经济水平。

南京市作为江苏省省会,是江苏省的经济、政治中心,也是江浙沪地区的重要城市之一。根据国家统计局数据,在全国 36 个重要城市中,南京市的 GDP 水平在 2012 年排名第 11,在 2013 年排名第 10。排名在其之前的分别是北京、上海、广州、深圳、天津、重庆、成都、武汉、杭州。

3. 综合整理

综合实地问卷调查、Q 社区资料搜集,对 Q 社区基本防灾减灾情况进行整理和分析,得到了各指标的脆弱性得分或比重数值,结果如表 3 - 16 所示。

表 3 - 16　各项指标脆弱性得分

方案层指标	操作层指标	脆弱性得分/比重 x_i
重要程度	灾害发生强度	1.791
暴露程度	灾害发生频率	1.186
居民收入水平	低保人口比重	0.178%
人员应灾能力	高龄老人比重 病残人口比重 初中以下人口比重	5.97% 0.236% 18.93%
日常预防情况	减灾消防活动参与情况	3.744
应急资源配置情况	应灾物资储备、急救设备、消防队/武警驻军、空地/公园、医院的存在情况	3

方案层指标	操作层指标	脆弱性得分/比重 x_i
心理疏导机制	参加心理辅导活动次数	3.744
交通便利程度	到主干街道所需时间	5—10 分钟
迅速逃离的可能性	低楼层建筑比重	70％
社区建筑的坚固程度	老旧建筑比重	45％
城市的经济实力	城市 GDP 在同类城市中的排名	10
保险救助政策	灾害意外险覆盖人群比例	100％

四、基于层次分析法(AHP 法)的指标权重计算

结合第三节构建的指标评估体系,首先通过层次分析法明确各指标对于脆弱性的贡献程度,计算得到指标权重。以下即为权重计算的具体过程。

1. 建立指标的层次结构

基于 AHP 方法的思路,以社区脆弱性水平为目标层 A;准则层 B 包括对灾敏感性 B_1、应对能力 B_2、恢复能力 B_3;具体评估指标包括暴露程度 C_1、敏感程度 C_2、人员应灾能力 C_3、居民收入水平 C_4、应急资源配置 C_5、日常预防情况 C_6、低楼层建筑比重 C_7、建筑坚固度 C_8、居民收入水平 C_9、城市经济实力 C_{10}、保险救助政策覆盖情况 C_{11}、居民身体恢复能力 C_{12}、灾后心理疏导 C_{13}、社区交通便利性 C_{14} 以及社区建筑坚固度 C_{15}。层次分析结构如图 3-3 所示。

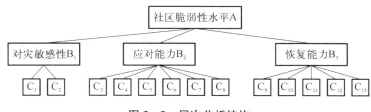

图 3-3　层次分析结构

2. 构造判断矩阵 4

A-B 判断矩阵表示在针对目标层 A 时,准则层指标 B 中 B_1、B_2、B_3 的相对重要程度;B_1-C 表示针对准则层指标 B_1,方案层 C_1、C_2 的相对重要程度;以此类推。

本研究经过专家打分,得到 A - B 判断矩阵如表 3 - 17,B_1 - C 判断矩阵如表 3 - 18,B_2 - C 判断矩阵如表 3 - 19,B_3 - C 判断矩阵如表 3 - 20。

表 3 - 17　A - B 判断矩阵

A	B_1	B_2	B_3
B_1	1	1/6	1/5
B_2	6	1	2
B_3	5	1/2	1

表 3 - 18　B_1 - C 判断矩阵

B_1	C_1	C_2
C_1	1	1/3
C_2	3	1

表 3 - 19　B_2 - C 判断矩阵

B_2	C_3	C_4	C_5	C_6	C_7	C_8
C_3	1	6	3	1	2	5
C_4	1/6	1	1/3	1/7	1/4	1/3
C_5	1/3	3	1	1/3	1/2	4
C_6	1	7	3	1	3	5
C_7	1/2	4	2	1/3	1	3
C_8	1/5	3	1/4	1/5	1/3	1

表 3 - 20　B_3 - C 判断矩阵

B_3	C_9	C_{10}	C_{11}	C_{12}	C_{13}	C_{14}	C_{15}
C_9	1	1/3	2	1/4	1/2	2	1/3
C_{10}	3	1	4	1/3	1	3	3
C_{11}	1/2	1/4	1	1/5	1/2	1	1/2
C_{12}	4	3	5	1	3	5	3
C_{13}	2	1	2	1/3	1	3	2
C_{14}	1/2	1/3	1	1/5	1/3	1	1/3
C_{15}	3	1/3	2	1/3	1/2	3	1

3. 一致性检验

通过 Matlab 程序进行一致性检验,输入上述四个判断矩阵,分别得出其最大

特征值 λ_{max}，进行一致性指标 $C.I.$ 的计算，查表得 $R.I.$，运用公式 $C.R.=$ $(C.I.)/(R.I.)$ 得出四个矩阵的一致性比例，$C.R.$ 均小于 0.1，通过一致性检验。一致性检验结果见表 3-21。

表 3-21 一致性检验结果

一致性检验	A-B	B_1-C	B_2-C	B_3-C
λ_{max}	3.029 1	2	6.242 4	7.300 8
$C.I.$	0.014 6	0	0.048 5	0.050 1
$R.I.$	0.52	0	1.26	1.36
$C.R.$	0.028 1	0	0.038 5	0.036 9
一致性结果	通过一致性检验			

4. 层次单排序

各个层次的权重如表 3-22 所示。

表 3-22 层次单排序权重结果

目标层	A 社区临灾脆弱性					
准则层	B_1		B_2		B_3	
	0.081 9		0.575 0		0.343 1	
方案层	C_1	0.25	C_3	0.293 8	C_9	0.079 1
	C_2	0.75	C_4	0.038 2	C_{10}	0.191 9
	Σ	1	C_5	0.122 2	C_{11}	0.055 4
			C_6	0.324 3	C_{12}	0.349 9
			C_7	0.157 9	C_{13}	0.150 9
			C_8	0.063 6	C_{14}	0.051 5
			Σ	1	C_{15}	0.121 3
					Σ	1

对于 A-B 判断矩阵，得出准则层指标三个指标相对于目标层即城市社区的脆弱性水平下的重要程度矩阵为 $W=[W_{B_1} \quad W_{B_2} \quad W_{B_3}]=[0.081\,9$ $0.575\,0 \quad 0.343\,1]$。

其中，对于敏感性指标 B_1，降低社区对灾害暴露程度的权重高达 0.75，能够更加显著地降低社区对灾敏感性。

对于社区应灾能力指标 B_2，加强日常预防、提高人员应灾能力、增加低楼层建筑比重三者对于社区灾害应对能力的贡献之和达到 77.6%,其他因素(例如加强应急资源配置、提高建筑坚固度、提高居民收入水平等)对于提高社区应灾能力的效果并不十分明显。

对于社区恢复能力指标 B_3,权重较大的指标分别为居民身体恢复能力、城市经济实力、灾后心理疏导。可见,围绕提高社区恢复能力这一中心,加强居民身体恢复能力、借助城市的经济力量、加强心理疏导工作是开展社区恢复能力工作的落脚点。

5. 层次总排序

各层次总排序结果如表 3-23 所示。

表 3-23 层次总排序结果

目标层	A 社区临灾脆弱性					
准则层	B_1		B_2		B_3	
	0.081 9		0.575 0		0.343 1	
方案层	C_1	0.020 5	C_3	0.168 9	C_9	0.027 1
	C_2	0.061 4	C_4	0.022 0	C_{10}	0.065 8
	Σ	0.081 9	C_5	0.070 3	C_{11}	0.019 0
			C_6	0.186 5	C_{12}	0.120 1
			C_7	0.090 8	C_{13}	0.051 8
			C_8	0.036 6	C_{14}	0.017 7
			Σ	0.575 1	C_{15}	0.041 6
					Σ	0.343 1

通过层次总排序,可以清晰地看出各类指标对目标 A 的影响大小,从而明确重点。对于目标层 A,社区应对能力对社区脆弱性水平的影响程度最大,为 57.50%;社区恢复能力影响程度次之,为 34.31%;社区对灾敏感性对社区脆弱性的影响程度很小,只有 8.19%。

五、基于模糊综合评价法(FCE 法)的脆弱性综合评价

1. 确定指标的隶属度矩阵

根据隶属度矩阵的计算方法,比较指标脆弱性数值 x_i 与标准集合各脆弱性参数 d_j 的大小关系,计算评价指标对标准集合 $V=\{1,2,3,4,5\}$ 的隶属度 r_{ij}。

隶属度结果如表 3 - 24 所示。

表 3 - 24 模糊综合评价隶属度矩阵

准则层	方案层	模糊综合评价矩阵					最大隶属度
		不脆弱	较不脆弱	一般脆弱	比较脆弱	严重脆弱	
B_1 对灾敏感性	C_1	0.209 0	0.791 0	0	0	0	较不脆弱
	C_2	1	0	0	0	0	不脆弱
	C_3	0.702 3	0.297 7	0	0	0	不脆弱
B_2 应对能力	C_4	1	0	0	0	0	不脆弱
	C_5	0	0	1	0	0	一般脆弱
	C_6	0	0	0.256 0	0.744 0	0	比较脆弱
	C_7	0	1	0	0	0	较不脆弱
	C_8	0	0	0.3	0.7	0	比较脆弱
B_3 恢复能力	C_9	1	0	0	0	0	不脆弱
	C_{10}	0	1	0	0	0	较不脆弱
	C_{11}	1	0	0	0	0	不脆弱
	C_{12}	1	0	0	0	0	不脆弱
	C_{13}	0	0	0.256 0	0.744 0	0	比较脆弱
	C_{14}	0	1	0	0	0	较不脆弱
	C_{15}	0	0	0.3	0.7	0	比较脆弱

2. 一级评价

综合权重和隶属度,通过加权求和计算每个准则层指标的一级评价结果。综合一级模糊评价结果,评价准则层指标相对于标准集合 $V = \{1,2,3,4,5\}$ 的隶属度情况。一级评价结果及隶属度如表 3 - 25 所示。

表 3 - 25 脆弱性一级评价结果

B 层指标	评价结果					方案层指标脆弱性水平
	不脆弱	较不脆弱	一般脆弱	比较脆弱	严重脆弱	
B_1 对灾敏感性	0.802 3	0.197 8	0	0	0	不脆弱
B_2 应对能力	0.244 5	0.245 4	0.224 3	0.285 8	0	比较脆弱
B_3 恢复能力	0.484 4	0.243 4	0.075 0	0.197 2	0	不脆弱

3. 二级评价

通过加权求和对目标层进行综合评价,得到二级评价结果如表3-26所示。

表3-26 脆弱性二级评价结果

社区的脆弱性水平	评价结果				
	不脆弱	较不脆弱	一般脆弱	比较脆弱	严重脆弱
	0.372 5	0.240 8	0.154 7	0.232 0	0

根据最大隶属度原则,自然灾害情境下Q社区的脆弱性水平为"不脆弱"的可能性最大,在面临突发自然灾害时能够避免人员伤亡和财产损失,人居环境破坏微小。

六、实证分析结论

运用层次分析法和模糊综合评价法两种方法,在指标评估体系基础上得出的脆弱性程度显示,Q社区在突发灾害情境下的脆弱性程度为1,即"不脆弱"。在具体评估中对该结果产生影响的准则层指标和方案层指标也有相应的脆弱性结果,各层指标的脆弱性程度及其权重共同影响着社区脆弱性的最终结果。

1. 方案层指标脆弱性结论

从层次总排序结果来看,方案层指标对目标层影响较大的前三个指标分别是日常预防情况、人员应灾能力、居民身体恢复能力,影响程度合计47.55%。可见,加强社区的日常预防、提高居民应灾能力应当成为社区灾害管理活动的重中之重。其他指标如增大低楼层建筑比重、加强应急资源配置和灾后心理疏导等对降低城市社区在自然灾害情境下的脆弱性也有一定程度的贡献。

综合来看各指标的脆弱性程度,"不脆弱"和"较不脆弱"两种结果较多,反映出社区脆弱性水平可能较低的倾向。

但是某些指标的脆弱性水平显著较高,如日常预防情况、灾后心理疏导、旧建筑比重,有显著"比较脆弱"的倾向。实际调查发现,65.12%的居民没有经常参与社区或工作单位的灾害应急消防活动;48.84%的居民认为社区大概三年以上举办一次心理疏导活动;老旧建筑比重偏高,大于40%,老旧建筑在社区应对灾害时容易发生坍塌危险,在灾后恢复时可能需要对废墟清理重建,呈现出

"比较脆弱"的倾向。

2. 准则层指标脆弱性结论

准则层 B 层各指标的脆弱性程度见表 3－24。其中对灾敏感性脆弱性水平为 1,不脆弱;灾害应对能力脆弱性水平为 4,比较脆弱;灾后恢复能力脆弱性水平为 1,不脆弱。

从权重大小来看,灾害应对能力对脆弱性的权重最高,其次是灾后恢复能力。灾害应对能力对社区脆弱性的影响程度达到 57.50%,占据一半以上比重,灾害恢复能力权重为 34.31%,两者总权重大于 90%。可见,降低社区脆弱性的重点应是增强社区的灾害应对能力和灾后恢复能力,其中增强灾害应对能力是脆弱性管理的关键。

根据综合层次总排序中权重较大的影响指标和脆弱性模糊评价结果,提高社区灾害的应对能力是降低社区脆弱性的关键,而提高社区灾害应对能力可以通过加强日常预防、提高人员应灾能力实现;提高社区灾后恢复能力是降低脆弱性的支撑要素,可以通过提高居民身体素质、依靠城市经济力量、加强心理疏导工作等实现。

本节在脆弱性指标评估体系的基础上,借助指标体系中方案层的具体指标进行实证分析,走入南京市 Q 社区实地收集指标数据,并利用模糊综合评价法和指标量化标准对各脆弱性评估指标计算脆弱性隶属度,确定各方案层指标的脆弱性程度,形成 Q 社区综合性的脆弱性结果。此外,通过权重分析、脆弱性程度分析明确了影响社区综合脆弱性的关键因素,识别社区脆弱性的薄弱环节,为脆弱性管理对策提供指导,有效降低社区脆弱性,并进一步塑造更高的抗逆力水平。

第二节　N 大学校区抗逆力评价实证分析

一、N 大学校区概况

N 大学鼓楼校区处于南京市中心地带,交通便利、经济发达。南京市地处中国东部地区,长江下游,濒江近海。地理坐标为北纬 31°14″至 32°37″、东经 118°22″至 119°14″,地处北亚热带,属亚热带季风气候,雨量充沛,四季分明,年平均温度

15.4 ℃,年极端气温最高 39.7 ℃,最低－13.1 ℃。

N 大学鼓楼校区分为两个园区:南园和北园。南园主要为学生和教职工的生活区,包含学生宿舍、食堂、教育超市、物流园、澡堂等;北园主要为教学区,包括北大楼、教学楼、各院系大楼、逸夫馆、体育场、体育馆等。

N 大学鼓楼校区南园生活区南至广州路、东临中山路、北到汉口路;北园教学区南至汉口路、东至天津路、北临北京西路、西至上海路。四周交通便利,周围建设有医院、派出所、消防大厦等外部救援设置。居住于 N 大学鼓楼校区的居民包含学生、教职工等,人口密度大、受教育程度高。

二、层次分析法指标权重

1. 构建指标体系

按照层次分析法的要求,结合 N 大学鼓楼校区的实际情况,构建出包含目标层、准则层、方案层在内的指标体系,如表 3－27 所示。目标层的指标是 N 大学鼓楼校区的抗逆力水平;准则层共有三个指标,按照时间先后把突发灾害分为三个阶段,每一阶段确定一个指标,分别为灾前预防指标、灾中社区抗逆力提升指标、灾后社区抗逆力培养指标;方案层是对准则层三个指标的进一步细化,共包含 16 个具体指标。

表 3－27　指标体系

目标层	准则层	方案层
社区抗逆力水平 A	灾前预防 B_1	社区坚固度 C_1、灾前演练 C_2、医保缴纳 C_3、防灾意识 C_4
	灾中社区抗逆力提升 B_2	外部救援到达时间 C_5、交通便捷性 C_6、楼内逃生便捷性 C_7、外部救援设置 C_8、应急资源 C_9、年龄阶段 C_{10}、灾中相互帮助意识 C_{11}、灾中社区居民应急能力 C_{12}
	灾后社区抗逆力培养 B_3	地方经济实力 C_{13}、利益相关人的支持 C_{14}、灾后居民心理恢复 C_{15}、归属感 C_{16}

2. 构造判断矩阵

我们邀请了灾害应急管理领域内的 5 位专家以及 N 大学管理学专业领域的 10 位同学对指标的相对重要性进行比较,并填写相关问卷。

在本研究中共构造了 4 个判断矩阵,分别是:目标层 A 对准则层 B 的判断矩阵 A－B,如表 3－28;准则层 B_1 对方案层 C 的判断矩阵 B_1－C,如表 3－29;准则层 B_2 对方案层 C 的判断矩阵 B_2－C,如表 3－30;准则层 B_3 对方案层 C 的判断矩阵 B_3－C,如表 3－31。

表 3－28　判断矩阵 A－B

A	B_1	B_2	B_3
B_1	1	1/6	2
B_2	6	1	7
B_3	1/2	1/7	1

表 3－29　判断矩阵 B_1－C

B_1	C_1	C_2	C_3	C_4
C_1	1	3	9	3
C_2	1/3	1	7	1
C_3	1/9	1/7	1	1/4
C_4	1/3	1	4	1

表 3－30　判断矩阵 B_2－C

B_2	C_5	C_6	C_7	C_8	C_9	C_{10}	C_{11}	C_{12}
C_5	1	1	1/3	1/3	1/4	4	1	4
C_6	1	1	1/2	1/3	1/4	4	1	4
C_7	3	2	1	1	1/2	4	2	4
C_8	3	3	1	1	1/2	4	2	4
C_9	4	4	2	2	1	4	2	5
C_{10}	1/4	1/4	1/4	1/4	1/4	1	1/4	1/3
C_{11}	1	1	1/2	1/2	1/2	4	1	2
C_{12}	1/4	1/4	1/4	1/4	1/5	3	1/2	1

表 3-31 判断矩阵 B_3 - C

B_3	C_{13}	C_{14}	C_{15}	C_{16}
C_{13}	1	1/2	1/3	3
C_{14}	2	1	2	3
C_{15}	3	1/2	1	4
C_{16}	1/3	1/3	1/4	1

3. 一致性检验

首先将上述 4 个判断矩阵输入 Matlab 程序,得到 4 个判断矩阵的最大特征值,分别为 3.032 4、4.070 4、8.466 3、4.210 6。

把最大特征值代入一致性检验公式 $C.I=(\lambda\_max-n)/(n-1)=(3.032\ 4-3)/(3-1)=0.016\ 2<0.1$。

计算一致性比例 $C.R=(C.I)/(R.I)=0.016\ 2/0.52=0.031\ 2<0.1$。

同理,可得 4 个判断矩阵的一致性检验情况,如表 3-32 所示。

表 3-32 一致性检验表

判断矩阵	λ_{max}	n	$C.I$	$R.I$	$C.R$	一致性检验
A-B	3.032 4	3	0.016 2	0.520 0	0.031 2	通过
B_1-C	4.070 4	4	0.023 5	0.890 0	0.026 4	通过
B_2-C	8.466 3	8	0.066 6	1.410 0	0.047 2	通过
B_3-C	4.210 6	4	0.070 2	0.890 0	0.078 9	通过

4. 层次单排序

首先对判断矩阵进行归一化处理,本研究中采用求和法对 4 个判断矩阵进行归一化处理,得到各个指标的权重如表 3-33 所示。

表 3-33 指标单排序权重表

目标层 A	A 社区抗逆力水平		
准则层 B	B_1	B_2	B_3
	0.153 5	0.754 5	0.091 9

目标层 A	A 社区抗逆力水平						
方案层 C	C_1	0.536 5	C_5	0.094 0	C_{13}	0.184 5
	C_2	0.226 4	C_6	0.097 6	C_{14}	0.393 8
	C_3	0.046 4	C_7	0.173 4	C_{15}	0.332 7
	C_4	0.190 7	C_8	0.183 4	C_{16}	0.089 0
	Σ	1	C_9	0.269 4	Σ	1
			C_{10}	0.034 1		
			C_{11}	0.100 1		
			C_{12}	0.047 9		
			Σ	1		

5. 层次总排序

上文的数据处理已经得出准则层 B 中各指标对目标层 A 抗逆力水平的影响程度,利用准则层 B 中各指标对目标层 A 的影响程度乘以方案层 C 中各指标对准则层 B 中各指标影响程度,即得到方案层 C 中各指标对目标层抗逆力水平的影响程度,结果如表 3-34 所示。

表 3-34　指标多排序权重表

目标层 A	A 社区抗逆力水平						
准则层 B	B_1		B_2		B_3	
	0.1535		0.7545		0.0919	
方案层 C	C_1	0.082 4	C_5	0.070 9	C_{13}	0.017 0
	C_2	0.034 8	C_6	0.073 6	C_{14}	0.036 2
	C_3	0.007 1	C_7	0.130 8	C_{15}	0.030 6
	C_4	0.029 3	C_8	0.138 4	C_{16}	0.008 2
	Σ	0.153 5	C_9	0.203 3	Σ	0.091 9
			C_{10}	0.025 7		
			C_{11}	0.075 5		
			C_{12}	0.036 1		
			Σ	0.754 5		

三、模糊综合评价

1. 指标隶属度的确定

在 16 个细分指标分中,包含定性指标 5 个,定量指标 11 个。在研究中确定隶属度矩阵时对定性指标和定量指标分别用了不同的隶属度函数,定性指标确定隶属度的方法为模糊统计法,定量指标确定隶属度的函数为半梯形分布函数。

(1) 定性指标隶属度的确定。

本研究共确定 5 个定性指标,分别为灾中相互帮助意识 C_{11}、灾中社区居民应急能力 C_{12}、利益相关人的支持 C_{14}、灾后居民心理恢复 C_{15}、归属感 C_{16}。通过设计调查问卷,向 N 大学在校学生、在校教师、保卫人员、保洁人员、宿管人员等进行问卷发放,共发放问卷 300 份,收回有效问卷 277 份。

模糊统计法,简单来说就是百分比统计法。例如,问卷中问题"6. 您使用消防器材的熟练程度?",选 A、B、C、D、E 的人数占比分别为 1.81%、7.22%、26.35%、38.27%、26.35%,那么该评价指标对应的方案层指标隶属度矩阵为 (0.018 1、0.072 2、0.263 5、0.382 7、0.263 5)。

问卷中部分问题如下:

6. 您使用消防器材的熟练程度?(　　)

A. 非常熟练 　　　　　　　　B. 比较熟练

C. 一般 　　　　　　　　　　D. 比较不熟练

E. 非常不熟练

7. 假如学校发生突发灾害,同处于灾难中,您是否愿意帮助别人?(　　)

A. 非常愿意 　　　　　　　　B. 比较愿意

C. 一般 　　　　　　　　　　D. 比较不愿意

E. 非常不愿意

8. 假如学校发生突发灾害,您是否愿意给学校捐款?(　　)

A. 非常愿意 　　　　　　　　B. 比较愿意

C. 一般 　　　　　　　　　　D. 比较不愿意

E. 非常不愿意

9. 假如学校发生突发灾害,您预测自己是否会参加心理辅导?(　　)

A. 非常希望参加 　　　　　　B. 比较希望参加

C. 一般 　　　　　　　　　　D. 比较不希望参加

E. 非常不希望参加

10. 您对学校归属感强烈程度？（　　　）

A. 非常强烈　　　　　　　　B. 比较强烈

C. 一般　　　　　　　　　　D. 比较不强烈

E. 非常不强烈

问卷中各评价指标对应的方案层指标如下：

评价指标	6. 消防器材的熟练程度	7. 是否愿意帮助别人	8. 是否愿意给学校捐款	9. 是否会参加心理辅导	10. 归属感强烈程度
方案层指标	灾中社区居民应急能力 C_{12}	灾中相互帮助意识 C_{11}	利益相关人的支持 C_{14}	灾后居民心理恢复 C_{15}	归属感 C_{16}

问卷中各定性指标对应的抗逆力水平高低如下：

抗逆力水平	问卷中指标对应选项			
非常高	A 非常熟练	A 非常愿意	A 非常希望参加	A 非常强烈
比较高	B 比较熟练	B 比较愿意	B 比较希望参加	B 比较强烈
一般	C 一般	C 一般	C 一般	C 一般
比较低	D 比较不熟练	D 比较低	D 比较不希望参加	D 比较不强烈
非常低	E 非常不熟练	E 非常低	E 非常不希望参加	E 非常不强烈

问卷中定性指标的统计结果如表 3-35 所示。

表 3-35　定性指标统计结果

选项	问题 6	问题 7	问题 8	问题 9	问题 10
A	1.81%	23.47%	31.77%	23.10%	22.02%
B	7.22%	51.99%	49.82%	37.18%	51.62%
C	26.35%	22.02%	16.25%	28.16%	24.19%
D	38.27%	2.17%	1.44%	11.19%	1.81%
E	26.35%	0.36%	0.72%	0.36%	0.36%
总计	100.00%	100.00%	100.00%	100.00%	100.00%

根据模糊统计法,得到各指标的隶属度矩阵如表 3-36 所示。

表 3-36　指标隶属度矩阵

指标	定性指标隶属度矩阵				
	非常低	比较低	一般	比较高	非常高
灾中社区居民应急能力 C_{12}	0.263 5	0.382 7	0.263 5	0.072 2	0.018 1
灾中相互帮助意识 C_{11}	0.003 6	0.021 7	0.220 2	0.519 9	0.234 7
利益相关人的支持 C_{14}	0.007 2	0.014 4	0.162 5	0.498 2	0.317 7
灾后居民心理恢复 C_{15}	0.003 6	0.111 9	0.281 6	0.371 8	0.231 0
归属感 C_{16}	0.003 6	0.018 1	0.241 9	0.516 2	0.220 2

（2）定量指标隶属度确定。

本研究构建的抗逆力指标体系中共有定量指标 11 个，分别为：社区坚固度 C_1、灾前演练 C_2、医保缴纳 C_3、防灾意识 C_4、外部救援到达时间 C_5、交通便捷性 C_6、楼内逃生便捷性 C_7、外部救援设置 C_8、应急资源 C_9、年龄阶段 C_{10}、地方经济实力 C_{13}。

通过对各种隶属度函数的比较分析，结合本研究定量指标的实际特点，最终选定半梯形分布法作为定量指标的隶属度函数。

半梯形分步法公式为：

$$r_1 = \begin{cases} 1 & x_1 \leqslant v_1 \\ \dfrac{v_2 - x_1}{v_2 - v_1} & v_1 < x_1 < v_2 \\ 0 & x_1 \geqslant v_2 \end{cases}$$

$$r_2 = \begin{cases} 1 - r_1 & v_1 < x_2 \leqslant v_2 \\ \dfrac{v_3 - x_2}{v_3 - v_2} & v_2 < x_2 < v_3 \\ 0 & x_2 \leqslant v_1 \text{ 或} x_2 \geqslant v_3 \end{cases}$$

$$\cdots\cdots\cdots$$

$$r_i = \begin{cases} 1 - r_{i-1} & v_{i-1} < x_i \leqslant v_i \\ \dfrac{v_{(i+1)} - x_i}{v_{(i+1)} - v_i} & v_i < x_i < v_{i+1} \\ 0 & x_i \leqslant v_{i-1} \text{ 或} x_i \geqslant v_{i+1} \end{cases}$$

利用半梯形分布法之前,首先把定量指标表示的抗逆力水平分为 5 个等级,分值为 1—5,得到 $V=\{v_1,v_2,\cdots,v_n\}=\{1,2,3,4,5\}$。其中分值越大表明社区抗逆力水平越高。例如,医保缴纳覆盖率抗逆力水平参数值如下表 3–37 所示。

表 3–37　医保缴纳覆盖率评价标准

分值	评价标准
5	医保缴纳覆盖率占比大于 80%
4	医保缴纳覆盖率占比 60%—80%
3	医保缴纳覆盖率占比 40%—60%
2	医保缴纳覆盖率占比 20%—40%
1	医保缴纳覆盖率占比小于 20%

例如,N 大学鼓楼校区的医保覆盖率为 90.61%,其对应的社区抗逆力水平参数值为 5,即 $X_i=5$,代入半梯形分布公式得到医保缴纳的隶属度矩阵 $R_{c_3}=$ [0　0　0　0　1]

本研究把定量指标分为两部分,第一部分能够通过网上直接查找资料或实地勘察获得相关信息确定抗逆力水平参数值,包括的指标有社区坚固度 C_1、灾前演练 C_2、外部救援到达时间 C_5、外部救援设置 C_8、应急资源 C_9、地方经济实力 C_{13};第二部分通过问卷调查形式得出社区抗逆力水平参数值,包括的指标有医保缴纳 C_3、防灾意识 C_4、交通便捷性 C_6、楼内逃生便捷性 C_7、年龄阶段 C_{10}。

本研究通过网上查阅相关资料以及实地走访的形式确定第一部分指标的社区抗逆力水平参数值如表 3–38 所示。

表 3–38　指标抗逆力水平参数

抗逆力指标	评价标准	社区状况	抗逆力参数
社区坚固度 C_1	新建筑物占比	共有建筑物 62 幢,其中新建筑物(10 年以内)共 10 幢,新建筑占比 16.13%	1
灾前演练 C_2	灾前演练频率	平均每学期进行一次灾前演练,即灾前演练频率为 1 年 2 次	4
外部救援到达时间 C_5	外部救援到达时间	鼓楼医院和消防大厦的救援可在 10 分钟内到达,派出所救援在 10—20 分钟到达	4.666 7
外部救援设置 C_8	外部救援设置个数	周边 5 公里内有鼓楼医院、消防大厦、鼓楼派出所	5

抗逆力指标	评价标准	社区状况	抗逆力参数
应急资源 C_9	应急设备 安装覆盖率	每栋建筑内每层均装有消防器材	5
地方经济实力 C_{13}	GDP 排名	在全国主要城市 GDP 排行榜中,南京 市 2014 年、2013 年、2012 年排名分别 为第 11、第 10、第 11。	3.333 3

把抗逆力水平参数值代入半梯形分布法求得第一部分定量指标隶属度矩阵,结果如表 3-39 所示。

表 3-39　定量指标隶属度矩阵

指标	定量指标隶属度矩阵				
	非常低	比较低	一般	比较高	非常高
社区坚固度 C_1	1	0	0	0	0
灾前演练 C_2	0	0	0	1	0
外部救援到达时间 C_5	0	0	0	0.333 3	0.666 7
外部救援设置 C_8	0	0	0	0	1
应急资源 C_9	0	0	0	0	1
地方经济实力 C_{13}	0	0	0.666 7	0.333 3	0

通过问卷调查形式确认第二部分指标的社区抗逆力水平参数值。

问卷如下:

1. 您的年龄?(　　)

A. 10 岁以下　　　　　　　　　　B. 10—20 岁

C. 20—40 岁　　　　　　　　　　D. 40—50 岁

E. 50 岁以上

2. 您是否参加医保?(　　)

A. 是　　　　　　　　　　　　　B. 否

3. 假如发生突发灾害,您逃生到开阔地需要多长时间?(　　)

A. 5 分钟以内　　　　　　　　　　B. 5—10 分钟

C. 10—15 分钟　　　　　　　　　　D. 15—20 分钟

E. 20 分钟以上

4. 假如突发灾害发生,您是否能及时找到逃生路径? (　　)

A. 是　　　　　　　　　　　　　　B. 否

5. 您是否接受过灾害应急知识宣传或技能演练? (　　)

A. 是　　　　　　　　　　　　　　B. 否

问卷调查统计的结果如表 3-40 所示。

表 3-40　问卷调查统计表

选项	问题 1	问题 2	问题 3	问题 4	问题 5
A	—	90.61%	39.71%	79.24%	49.46%
B	6.86%	9.39%	41.16%	20.76%	50.54%
C	91.34%	—	15.88%	—	—
D	1.44%	—	1.44%	—	—
E	0.36%	—	1.81%	—	—
总计	100.00%	100.00%	100.00%	100.00%	100.00%

根据上表统计结果结合相应指标抗逆力水平参数的确定标准得到各指标的社区抗逆力水平参数值如表 3-41 所示。

表 3-41　指标抗逆力水平参数值

抗逆力指标	年龄阶段 C_{10}	医保缴纳 C_3	交通便捷性 C_6	楼内逃生便捷性 C_7	防灾意识 C_4
抗逆力参数值	4.837 5	5	4.155 2	4	3

把抗逆力水平参数值代入半梯形分布公式得到各指标的隶属度矩阵如表 3-42 所示。

表 3-42　定量指标隶属度矩阵

指标	定量指标隶属度矩阵				
	非常低	比较低	一般	比较高	非常高
年龄阶段 C_{10}	0	0	0	0.162 5	0.837 5
医保缴纳 C_3	0	0	0	0	1
交通便捷性 C_6	0	0	0	0.844 8	0.155 2
楼内逃生便捷性 C_7	0	0	0	1	0
防灾意识 C_4	0	0	1	0	0

(3) 全部指标隶属度矩阵。

由上文分析可得所有指标的隶属度矩阵如表 3 - 43 所示。

表 3 - 43　所有指标隶属度矩阵

准则层	方案层	方案层模糊评价指标隶属度矩阵				
		非常低	比较低	一般	比较高	非常高
灾前 预防 B_1	社区坚固度 C_1	1	0	0	0	0
	灾前演练 C_2	0	0	0	1	0
	医保缴纳 C_3	0	0	0	0	1
	防灾意识 C_4	0	0	1	0	0
灾中社区 抗逆力 提升 B_2	外部救援到达时间 C_5	0	0	0	0.333 3	0.666 7
	交通便捷性 C_6	0	0	0	0.844 8	0.155 2
	楼内逃生便捷性 C_7	0	0	0	1	0
	外部救援设置 C_8	0	0	0	0	1
	应急资源 C_9	0	0	0	0	1
	年龄阶段 C_{10}	0	0	0	0.162 5	0.837 5
	灾中相互帮助意识 C_{11}	0.003 6	0.021 7	0.220 2	0.519 9	0.234 7
	灾中社区居民应急能力 C_{12}	0.263 5	0.382 7	0.263 5	0.072 2	0.018 1
灾后社区抗 逆力培养 B_3	地方经济实力 C_{13}	0	0	0.666 7	0.333 3	0
	利益相关人的支持 C_{14}	0.007 2	0.014 4	0.162 5	0.498 2	0.317 7
	灾后居民心理恢复 C_{15}	0.003 6	0.111 9	0.281 6	0.371 8	0.231 0
	归属感 C_{16}	0.003 6	0.018 1	0.241 9	0.516 2	0.220 2

2. 一级模糊综合评价

模糊评价的基本公式是权重矩阵 W 与隶属度矩阵 R 的乘积,即 $B = W * R$:

$$W * R = (w_1, w_2, \cdots, w_N) \begin{bmatrix} r_{11} & r_{12} & r_{13} & \cdots & r_{1n} \\ r_{21} & r_{22} & r_{23} & \cdots & r_{2n} \\ \vdots & \vdots & \vdots & & \vdots \\ r_{N1} & r_{N2} & r_{N3} & \cdots & r_{Nn} \end{bmatrix} = (b_1, b_2, \cdots, b_n)$$

（1）$\boldsymbol{B}_1$ 一级模糊综合评价。

根据上文可知准则层 $\boldsymbol{B}_1$ 下层指标相对于 $\boldsymbol{B}_1$ 权重矩阵为：

$$\boldsymbol{W}_{\boldsymbol{B}1} = \begin{bmatrix} 0.5365 & 0.2264 & 0.0464 & 0.1907 \end{bmatrix}$$

准则层 $\boldsymbol{B}_1$ 下层指标的模糊评价矩阵为：

$$\boldsymbol{R}_1 = \begin{bmatrix} 1 & 0 & 0 & 0 & 0 \\ 0 & 0 & 0 & 1 & 0 \\ 0 & 0 & 0 & 0 & 1 \\ 0 & 0 & 1 & 0 & 0 \end{bmatrix}$$

运行 Matlab 程序，输入上述两个矩阵，进行矩阵相乘得到：

$$\boldsymbol{B}_1 = \begin{bmatrix} 0.536\,5 & 0 & 0.190\,7 & 0.226\,4 & 0.046\,4 \end{bmatrix}$$

（2）$\boldsymbol{B}_2$ 一级模糊综合评价。

根据上文可知准则层 $\boldsymbol{B}_2$ 下层指标相对于 $\boldsymbol{B}_2$ 权重矩阵为：

$$\boldsymbol{W}_{\boldsymbol{B}_2} = \begin{bmatrix} 0.09\,4 & 0.097\,6 & 0.173\,4 & 0.183\,4 & 0.269\,4 & 0.034\,1 & 0.100\,1 & 0.047\,9 \end{bmatrix}$$

准则层 $\boldsymbol{B}_2$ 下层指标的模糊评价矩阵为：

$$\boldsymbol{R}_2 = \begin{bmatrix} 0 & 0 & 0 & 0.333\,3 & 0.666\,7 \\ 0 & 0 & 0 & 0.844\,8 & 0.155\,2 \\ 0 & 0 & 0 & 1 & 0 \\ 0 & 0 & 0 & 0 & 1 \\ 0 & 0 & 0 & 0 & 1 \\ 0 & 0 & 0 & 0.162\,5 & 0.837\,5 \\ 0.003\,6 & 0.021\,7 & 0.220\,2 & 0.519\,9 & 0.234\,7 \\ 0.263\,5 & 0.382\,7 & 0.263\,5 & 0.072\,2 & 0.018\,1 \end{bmatrix}$$

运行 Matlab 程序，输入上述两个矩阵，进行矩阵相乘得到：

$$\boldsymbol{B}_2 = \begin{bmatrix} 0.013\,0 & 0.020\,5 & 0.034\,7 & 0.348\,2 & 0.583\,54 \end{bmatrix}$$

（3）$\boldsymbol{B}_3$ 一级模糊综合评价。

根据上文可知准则层 $\boldsymbol{B}_3$ 下层指标相对于 $\boldsymbol{B}_3$ 权重矩阵为：

$$\boldsymbol{W}_{\boldsymbol{B}_3} = \begin{bmatrix} 0.184\,5 & 0.393\,8 & 0.332\,7 & 0.089 \end{bmatrix}$$

准则层 $\boldsymbol{B}_3$ 下层指标的模糊评价矩阵为：

$$\boldsymbol{R}_3 = \begin{bmatrix} 0 & 0 & 0.666\,7 & 0.333\,3 & 0 \\ 0.007\,2 & 0.014\,4 & 0.162\,5 & 0.498\,2 & 0.317\,7 \\ 0.003\,6 & 0.111\,9 & 0.281\,6 & 0.371\,8 & 0.231\,0 \\ 0.003\,6 & 0.018\,1 & 0.241\,9 & 0.516\,2 & 0.220\,2 \end{bmatrix}$$

运行 Matlab 程序,输入上述两个矩阵,进行矩阵相乘得到:

$$\boldsymbol{B}_3 = [0.0044\,0.0445\,0.3022\,0.4273\,0.2216]$$

(4) 一级模糊综合评价统计结果。

综上所述,准则层指标的模糊综合评价结果,如表 3-44 所示。

表 3-44 准则层指标隶属度

准则层 B	准则层模糊评价指标隶属度				
	非常低	比较低	一般	比较高	非常高
灾前预防 B_1	0.536 5	0	0.190 7	0.226 4	0.046 4
灾中社区抗逆力提升 B_2	0.013 0	0.020 5	0.034 7	0.348 2	0.583 5
灾后社区抗逆力培养 B_3	0.004 4	0.044 5	0.302 2	0.427 3	0.221 6

3. 二级模糊综合评价

(1) 二级模糊综合评价。

目标层 A 的综合评价公式为 $\boldsymbol{B} = \boldsymbol{W} * \boldsymbol{R}$,其中

$$\boldsymbol{W} = [0.153\,5 \quad 0.754\,5 \quad 0.091\,9]$$

$$\boldsymbol{R} = \begin{bmatrix} \boldsymbol{R}_{B_1} \\ \boldsymbol{R}_{B_2} \\ \boldsymbol{R}_{B_3} \end{bmatrix} = \begin{bmatrix} 0.536\,5 & 0 & 0.190\,7 & 0.226\,4 & 0.046\,4 \\ 0.013\,0 & 0.020\,5 & 0.034\,7 & 0.348\,2 & 0.583\,5 \\ 0.004\,4 & 0.044\,5 & 0.302\,2 & 0.427\,3 & 0.221\,6 \end{bmatrix}$$

运行 Matlab 程序,输入上述两个矩阵,进行矩阵相乘得到:

$$\boldsymbol{B} = [0.092\,5 \quad 0.019\,6 \quad 0.083\,2 \quad 0.336\,8 \quad 0.467\,8]$$

（2）二级模糊综合评价统计结果。

表 3 - 45　目标层指标隶属度

N 大学鼓楼校区抗逆力水平	目标层模糊评价指标隶属度				
	非常低	比较低	一般	比较高	非常高
	0.092 5	0.019 6	0.083 2	0.336 8	0.468 7

由表 3 - 45 可知，N 大学鼓楼校区抗逆力水平有 9.25% 的可能属于"非常低"；有 19.60% 的可能属于"比较低"；有 8.32% 的可能属于"一般"；有 33.68% 的可能属于"比较高"；有 46.87% 的可能属于"非常高"。因此，根据最大隶属度原则，N 大学鼓楼校区的抗逆力水平属于"非常高"。

四、实证分析结果讨论

本研究利用层次分析法与模糊评价法对 N 大学鼓楼校区抗逆力水平进行研究。

层次分析法能够确定 N 大学鼓楼校区抗逆力影响指标权重，得到各个层次、各个影响因素对 N 大学鼓楼校区的抗逆力水影响程度，明确对抗逆力水平影响程度重大的指标，为提高 N 大学鼓楼校区抗逆力水平以及其他社区抗逆力水平提供指引。

模糊评价法能够确定 N 大学鼓楼校区抗逆力影响指标的隶属度，得到各个层次的指标隶属度矩阵，从而根据最大隶属度原则判定每一层次、每一指标的抗逆力水平，最终得到 N 大学鼓楼校区的社区抗逆力水平。在此分析过程中能够明确得到 N 大学鼓楼校区在灾前、灾中、灾后抗逆力水平比较低的阶段，从而为针对性地提高 N 大学鼓楼校区抗逆力水平提供方向。

1. 层次分析法结果分析

本研究对 N 大学鼓楼校区抗逆力的层次分析结果如表 3 - 33 和 3 - 34，分析所得结论如下。

（1）准则层 B 对目标层 A 的影响分析。

根据表 3 - 33，对准则层各指标对社区抗逆力水平的影响程度排序为灾中社区抗逆力提升（75.45%）＞灾前预防（15.35%）＞灾后社区抗逆力培养（9.19%），其中三个阶段指标对社区抗逆力水平影响最大的是灾中社区抗逆力提升，影响程度高达 75.45%。

(2) 方案层 C 对目标层 A 的影响分析。

根据表 3-34,方案层 C 指标对目标层 A 的影响程度超过 5％的有:应急资源 C_9(20.33％)、外部救援设置 C_8(13.84％)、楼内逃生便捷性 C_7(13.08％)、社区坚固度 C_1(8.24％)、灾中相互帮助意识 C_{11}(7.55％)、交通便捷性 C_6(7.36％)、外部救援到达时间 C_5(7.09％),7 个指标合计影响程度为 77.49％。

(3) 方案层 C 对准则层 B 的影响分析。

根据表 3-33,对灾前预防影响较大的指标是社区坚固度 C_1(56.35％)、灾前演练 C_2(22.64％)、防灾意识 C_3(19.07％),三者合计对灾前预防的影响程度为95.36％,因此,提高灾前预防效果应该着重增强社区坚固度、加强灾前演练、提升社区居民防灾意识。对灾中社区抗逆力提升影响较大的指标是应急资源 C_9(26.94％)、外部救援设置 C_8(18.34％)、楼内逃生便捷性 C_7(17.34％)、灾中相互帮助意识 C_{11}(10.01％),由此可知提升灾中社区抗逆力的关键点在于储备应急资源、增设外部救援设置、增强楼内逃生便捷性、加强居民之间灾中的相互帮助意识。对灾后社区抗逆力培养利益相关人的支持 C_{14}(39.38％)、灾后居民心理恢复 C_{15}(33.27％)、地方经济实力 C_{13}(18.45％),三者合计91.10％,所以培养灾后社区抗逆力应从利益相关人的支持、灾后居民心理恢复、地方经济实力着手。

(4) 综合分析。

由上文分析可知,对于 N 大学鼓楼校区的抗逆力水平,灾中社区抗逆力的提升至关重要。长期以来国内外对抗逆力的研究注重灾前和灾后两个环节,通过本研究的分析可知,灾后环节对社区抗逆力的影响最小,因此提升社区抗逆力水平的有效途径是重点关注灾中的自救与互救。

具体方案指标中,对 N 大学鼓楼校区抗逆力影响程度较大的有应急资源、外部救援设置、楼内逃生便捷性、社区坚固度、灾中相互帮助意识、交通便捷性、外部救援到达时间等。由此可见,从灾中社区抗逆力提升环节出发,储备必要的应急资源、增加社区周边救援设置、加强学校居民之间的相互帮助意识、提高周边交通便捷性能够有效提升 N 大学鼓楼校区的抗逆力水平。

2. 模糊评价法结果分析

(1) 目标层模糊评价结果分析。

抗逆力目标层模糊评价的结果如下,N 大学鼓楼校区抗逆力水平为"比较高"的可能性是 33.68％,为"非常高"的可能性是 46.87％,根据最大隶属度原则,N 大学鼓楼校区的抗逆力水平为"非常高",可以看出 N 大学鼓楼校区具有较好的社区抗逆性能。

（2）准则层模糊评价结果分析。

准则层模糊评价结果如表 3 - 44（准则层指标隶属度）所示。灾前预防 B_1 指标对应的抗逆力水平为"非常低"，原因在于方案层社区坚固度对应的抗逆力水平"非常低"，且社区坚固度在灾前预防指标中的相对重要程度为 53.65%，因此导致灾前预防的抗逆力水平为"非常低"。灾中社区抗逆力提升 B_2 指标对应的抗逆力水平为"非常高"，灾后社区抗逆力培养 B_3 指标对应的抗逆力水平为"比较高"。

（3）方案层模糊评价结果分析。

方案层模糊评价结果如表 3 - 43（所有指标隶属度矩阵）所示。社区坚固度 C_1 对应的抗逆力水平"非常低"，这是由于 N 大学鼓楼校区属于老校区，大部分建筑物比较陈旧。灾中社区居民应急能力 C_{12} 对应的抗逆力水平"比较低"，原因是大部分在校学生很少使用消防器材，平时接受的训练也比较少。其他指标对应的抗逆力水平都在"一般"及以上水平，其中 2 个指标对应的抗逆力水平为"一般"，7 个指标对应的抗逆力水平为"比较高"，5 个指标对应的抗逆力水平为"非常高"。

整体来看，N 大学鼓楼校区方案层各指标对应的抗逆力都处于比较高的水平，只有在社区坚固度、灾中社区居民应急能力两个方面急需提升。鉴于 N 大学鼓楼校区的建筑物已经作为实物存在，提高社区坚固度的可能性比较小，因此进一步提升方案层抗逆力水平的方法是加强对在校学生及教职工的应急能力培养，举办实习演练让学生及教职工亲自使用消防器材，提升学生及教职工的消防器材使用熟练程度。

第四章　自然灾害情境下的
抗逆力评价实证分析

社区抗逆力评价体系中的很多要素与具体的灾害类型有关，所以在应对不同灾害时，所采取的评价指标和评价方法可以根据相应的灾害情境进行合理调整。本章将针对不同特定自然灾害背景下的社区抗逆力进行实证案例分析，包括洪灾、地震、台风三类灾害。

第一节　洪灾情境下的社区脆弱性实证分析

一、J 市简介

J 市位于江西省最北部，是长江、鄱阳湖、京九铁路三大经济开发带的汇聚点。J 市占地面积 18 823 平方千米，幅员辽阔，约占江西全境的 11.30%。

J 市平均海拔 32 米，市区海拔 20 米，东西走向上，两边高，中部低；南北走向上，南部高于北部，由南向北呈现倾斜趋势。J 市整体海拔较低，同时其自身中部相比四周又更低，这就容易造成中部积水，遇暴雨等强降雨时中部地区如泄洪不及时就会有洪灾风险；南部高，北部低，遇强降雨也会造成南部流水倾往北部，从而增加北部洪灾风险。

J 市所处地区在亚热带季风气候的作用范围内，年平均气温在 16℃～17℃之间，降水充沛，大部分降雨集中在 4～6 月。J 市降雨量较大，2016 年《中国气候公报》显示 2016 年中国平均降水量为 729.7 毫米，而 J 市 2016 年 7 月 17 日至 26 日几天时间降雨量就达到 313 毫米，近全国平均降水量的一半，这直接导致了 2016 年 J 市洪灾的发生。

J 市周边地区水脉众多，修河、博阳河、长江三大水系都经过 J 市，作为中国第一大淡水湖的鄱阳湖有将近53％的水域面积在J市,鄱阳湖周边共有12个县区,其中由J市管辖的有6个。此外,J市还有众多其他湖泊,千亩、万亩以上级别湖泊分别有31个、10个。J市水系发达,相关水系能够为J市的日常发展提供巨大帮助,汛期来临也可以起到蓄洪防灾作用,但是如果降雨量过大也可能导致相关水系水流倒灌,给城市造成伤害。

综上来看,J市复杂的地形特征、充沛的降水量和发达的水系网络都使其面临较高的洪灾风险,自然环境决定了J市面对洪灾的严峻形势。从灾害管理角度来看,只有从社会角度降低其社会脆弱性,才能减少J市由于洪灾导致的损失,改善J市应对洪灾的能力。

二、数据来源

本研究数据主要来自相关统计年鉴、年鉴、政府工作报告、统计局统计数据及统计公告等。

具体查阅的统计年鉴、年鉴有:《J市统计年鉴》(2000—2015)、《J市年鉴》(2000—2015)、《江西统计年鉴》(2000—2015)、《江西年鉴》(2000—2015)、《江西交通年鉴》(2000—2015)。

政府工作报告有:《J市国民经济和社会发展统计公报》(2000—2015)、《J市政府信息公开工作年度报告》(2010—2015)、《江西省统计局政府信息公开工作年度报告》(2009—2015)、《江西省政府信息公开工作年度报告》(2008—2015)。

统计局网站有:J市统计局、江西省统计局、J市档案信息网。

三、指标筛选及其权重确定

根据J市具体情况,选取23个洪灾社会脆弱性评价指标。本节将采用相关性分析及主成分分析法,在原始数据标准化处理的基础上对其进行筛选,并最终确定可用于洪灾社会脆弱性指数计算的指标,如表4-1所示。

表4-1　洪灾社会脆弱性评价指标体系

一级指标	二级指标	三级指标
社会人口脆弱性	人口压力	人口数量 X_1、人口自然增长率 X_2、人口密度 X_3
	易受伤害人口	小学生人数 X_4、女性人口比重 X_5、城镇登记失业率 X_6

一级指标	二级指标	三级指标
社会结构脆弱性	社会经济	第一产业占 GDP 比重 X_7、全社会固定资产投资 X_8、社会消费品零售总额 X_9、公共财政预算收入 X_{10}、人均 GDP X_{11}、第三产业占 GDP 比重 X_{12}、农村居民人均纯收入 X_{13}、城镇居民人均可支配收入 X_{14}
	社会保障	保费收入 X_{15}、万人拥有床位数 X_{16}、万人拥有医生数 X_{17}
社会文化脆弱性	文明程度	中学生人数 X_{18}、建成区园林绿地面积 X_{19}、城市建成区土地面积 X_{20}、移动电话普及率 X_{21}
	抗灾文化	公路里程 X_{22}、万人拥有汽车数量 X_{23}

1. 基于相关性分析的指标一轮筛选

本研究共选取 23 个评价指标,为了避免不同指标间可能存在强相关性进而影响评价结果,我们首先需利用相关性分析方法进行指标筛选。对原始数据进行标准化处理之后(数据来源可见本节"二、数据来源"),输入 SPSS20.0 软件,得到相关性分析。表 4-2 为整体相关性分析的部分结果,也是第一次指标筛选中要被剔除的指标。表 4-2 显示指标 X_1、X_7、X_9、X_{11}、X_{14}、X_{18}、X_{23} 的相关系数绝对值绝大部分大于 0.9。通过与其他指标进行重要性对比分析,在第一轮指标筛选中决定删除 X_1、X_7、X_9、X_{11}、X_{14}、X_{18}、X_{23} 七个指标,保留剩下的 16 个指标。

表 4-2 评价指标秩次相关性分析

		X_1	X_7	X_9	X_{11}	X_{14}	X_{18}	X_{23}
X_1	Pearson 相关性	1	0.993**	−0.967**	−0.967**	−0.976**	0.907**	−0.940**
	显著性(双侧)		0.000	0.000	0.000	0.000	0.000	0.000
	N	14	14	14	14	14	14	14
X_7	Pearson 相关性	0.993**	1	−0.941**	−0.942**	−0.954**	0.889**	−0.909**
	显著性(双侧)	0.000		0.000	0.000	0.000	0.000	0.000
	N	14	14	14	14	14	14	14
X_9	Pearson 相关性	−0.967**	−0.941**	1	0.998**	0.998**	−0.908**	0.992**
	显著性(双侧)	0.000	0.000		0.000	0.000	0.000	0.000
	N	14	14	14	14	14	14	14
X_{11}	Pearson 相关性	−0.967**	−0.942**	0.998**	1	0.996**	−0.895**	0.994**
	显著性(双侧)	0.000	0.000	0.000		0.000	0.000	0.000
	N	14	14	14	14	14	14	14

续表

		X_1	X_7	X_9	X_{11}	X_{14}	X_{18}	X_{23}
X_{14}	Pearson 相关性	−0.976**	−0.954**	0.998**	0.996**	1	−0.917**	0.985**
	显著性（双侧）	0.000	0.000	0.000	0.000		0.000	0.000
	N	14	14	14	14	14	14	14
X_{18}	Pearson 相关性	0.907**	0.889**	−0.908**	−0.895**	−0.917**	1	−0.864**
	显著性（双侧）	0.000	0.000	0.000	0.000	0.000		0.000
	N	14	14	14	14	14	14	14
X_{23}	Pearson 相关性	−0.940**	−0.909**	0.992**	0.994**	0.985**	−0.864**	1
	显著性（双侧）	0.000	0.000	0.000	0.000	0.000	0.000	
	N	14	14	14	14	14	14	14

注:" ＊ ＊ "表示在 0.01 水平(双侧)上显著相关。

2. 基于主成分分析的指标二次筛选

（1）确定主成分。

利用主成分分析法对 16 个数据进行二次筛选。通过 SPSS 20.0软件分析得到表 4 - 3，发现前三个主成分的累计贡献率非常高，大于 86％，保留了原始数据所能提供的多数信息，于是本研究选取这三个主成分。

图 4 - 1 为主成分分析碎石图，由图可知前三个特征值之间曲线斜率较大，第三个特征值到第四个特征值之间的曲线开始出现缓和，第四个特征值之后的曲线彻底走向平稳，证明选取前三个主成分的结果是较准确的。

表 4 - 3　特征值解释的总方差及其贡献率

成分	初始特征值			提取平方和载入			旋转平方和载入		
	合计	方差贡献率/%	累积方差贡献率/%	合计	方差贡献率/%	累积方差贡献率/%	合计	方差贡献率/%	累积方差贡献率/%
1	10.440	65.251	65.251	10.440	65.251	65.251	9.732	60.827	60.827
2	2.093	13.082	78.333	2.093	13.082	78.333	2.176	13.602	74.429
3	1.347	8.418	86.751	1.347	8.418	86.751	1.972	12.322	86.751
4	0.832	5.202	91.954						
5	0.719	4.492	96.446						
6	0.303	1.893	98.339						

续表

成分	初始特征值			提取平方和载入			旋转平方和载入		
	合计	方差贡献率/%	累积方差贡献率/%	合计	方差贡献率/%	累积方差贡献率/%	合计	方差贡献率/%	累积方差贡献率/%
7	0.197	1.234	99.573						
8	0.039	0.246	99.819						
9	0.019	0.122	99.941						
10	0.006	0.036	99.978						
11	0.002	0.014	99.992						
12	0.001	0.007	99.998						
13	0.000	0.002	100.000						
14	2.390E-016	1.494E-015	100.000						
15	1.039E-016	6.491E-016	100.000						
16	-1.241E-016	-7.756E-016	100.000						

注:提取方法为主成分分析。

表中部分数据由于数值太小(约0.000 000 000 000 002 79),SPSS软件输出时会采用科学计数法。

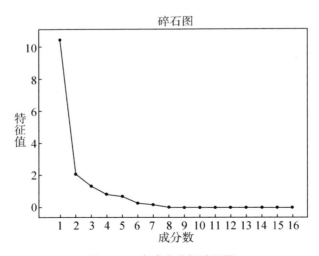

图4-1　主成分分析碎石图

（2）根据主成分指标载荷值确定指标。

表 4 - 4　主成分指标载荷值

	成　　分		
	1	2	3
X_{17}	0.986	0.012	0.041
X_8	0.979	0.110	0.142
X_{15}	0.974	0.138	0.105
X_{13}	0.960	0.173	0.167
X_{10}	0.952	0.039	0.237
X_{21}	0.936	0.298	−0.051
X_{16}	0.934	−0.146	0.099
X_3	−0.930	−0.334	0.029
X_{20}	0.863	0.456	−0.100
X_{22}	0.799	0.566	−0.089
X_2	0.771	0.405	0.134
X_{12}	0.635	0.004	0.506
X_{19}	−0.052	−0.900	0.148
X_5	−0.136	−0.621	−0.116
X_4	0.003	0.035	0.890
X_6	−0.095	0.048	−0.849

注:提取方法为主成分。

　　旋转法是具有 Kaiser 标准化的正交旋转法。

　　旋转在 5 次迭代后收敛。

对主成分指标载荷值进行进一步的求解,结果详见表 4 - 4。因为载荷值反映指标对评价结果的解释和影响程度,该值越大,表明指标解释程度越强,所以需要保留载荷值较大的指标。为了提高主成分指标的载荷值的精确程度,采用了具有 Kaiser 标准化的正交旋转法进行处理,从而增强指标载荷值对最终评价结果的解释力。由表 4 - 4 可知,第一个主成分中指标载荷值绝对值超过0.9的指标予以保留,分别为 X_3、X_8、X_{10}、X_{13}、X_{15}、X_{16}、X_{17}、X_{21}。第二、三个主成分中分别选取载荷绝对值最大的指标,分别为 X_{19}、X_4。综上,最终保留 10 个指标,如表 4 - 5 所列。

表 4-5 最终确定的评价指标体系

一级指标	二级指标	三级指标	序号	方向
社会人口脆弱性	人口压力	人口密度(人/km²)	X_3	正
	易受伤害人口	小学生人数(名)	X_4	正
社会结构脆弱性	社会经济	全社会固定资产投资(亿元)	X_8	负
		公共财政预算收入(万元)	X_{10}	负
		农村居民人均纯收入(元)	X_{13}	负
	社会保障	保费收入(万元)	X_{15}	负
		万人拥有床位数(个)	X_{16}	负
		万人拥有医生数(位)	X_{17}	负
社会文化脆弱性	文明程度	建成区园林绿地面积(公顷)	X_{19}	负
		移动电话普及率(%)	X_{21}	负

3. 基于熵权法和 SOVI 的社会脆弱性指数

(1) 基于熵权法求解评价指标权重。

熵权法利用信息熵表示指标的离散程度,指标对目标变量的影响越大,表现出的离散程度越大。熵表示信息的不确定性,随着信息量的增大,不确定性减小,熵随之减小,反之,信息量的减小将导致熵值增大。因此,在真实样本的支持下,熵权法确定的权重适用于多指标评价体系的建立。

基于 10 个指标的标准化数据计算其信息熵,得到各项指标在各年的权重如表 4-6 所示。

表 4-6 评价指标 Z_{ij} 矩阵(评价指标权重)

序号	X_3	X_4	X_8	X_{10}	X_{13}	X_{15}	X_{16}	X_{17}	X_{19}	X_{21}
2001	0.047 1	0.081 9	0.085 4	0.082 8	0.087 0	0.087 6	0.074 3	0.079 1	0.058 2	0.093 4
2002	0.050 3	0.077 5	0.084 7	0.082 5	0.086 0	0.085 6	0.073 9	0.082 6	0.058 2	0.093 1
2003	0.053 6	0.077 5	0.084 0	0.081 9	0.084 8	0.082 5	0.081 7	0.085 5	0.058 0	0.089 1
2004	0.055 2	0.059 6	0.083 5	0.081 2	0.082 0	0.081 3	0.085 3	0.086 9	0.054 8	0.088 4
2005	0.058 4	0.049 6	0.081 7	0.080 4	0.081 2	0.081 2	0.085 8	0.086 6	0.052 4	0.084 9
2006	0.063 3	0.064 9	0.080 7	0.079 7	0.078 6	0.080 8	0.083 7	0.087 0	0.104 8	0.081 2
2007	0.069 8	0.074 6	0.078 2	0.078 5	0.076 5	0.078 8	0.087 1	0.078 6	0.091 2	0.074 1

续表

序号	X_3	X_4	X_8	X_{10}	X_{13}	X_{15}	X_{16}	X_{17}	X_{19}	X_{21}
2008	0.073 1	0.073 2	0.075 8	0.077 2	0.073 9	0.072 8	0.085 1	0.079 1	0.084 6	0.071 5
2009	0.077 9	0.074 7	0.070 8	0.074 3	0.071 8	0.069 7	0.068 9	0.068 7	0.079 6	0.063 6
2010	0.084 4	0.082 9	0.065 5	0.070 5	0.067 7	0.062 8	0.064 2	0.064 1	0.076 3	0.060 1
2011	0.087 7	0.095 2	0.062 4	0.064 4	0.061 4	0.061 1	0.064 2	0.058 1	0.073 4	0.054 1
2012	0.092 5	0.088 3	0.054 5	0.056 1	0.056 0	0.057 9	0.055 1	0.054 3	0.070 0	0.046 7
2013	0.094 2	0.052 6	0.050 1	0.049 1	0.050 6	0.053 2	0.047 4	0.045 7	0.069 6	0.047 6
2014	0.092 5	0.047 6	0.042 7	0.041 4	0.043 5	0.043 8	0.043 5	0.043 5	0.068 9	0.052 3

表 4 - 7　评价指标 E_j、D_j、W_j

序号	X_3	X_4	X_8	X_{10}	X_{13}	X_{15}	X_{16}	X_{17}	X_{19}	X_{21}
E_j	−0.99	−0.99	−0.99	−0.99	−0.99	−0.99	−0.99	−0.99	−0.99	−0.99
D_j	0.01	0.01	0.01	0.01	0.01	0.01	0.01	0.01	0.01	0.01
W_j	0.12	0.09	0.09	0.09	0.09	0.08	0.10	0.11	0.09	0.13

（2）采用 SOVI 模型计算 J 市社会脆弱性指数。

已知 X_j 和 w_j，利用 SOVI 模型的计算公式 $S_oV_i = \sum_{j-1}^{n} X_j \times w_j$，对 J 市 2001—2014年的社会脆弱性进行计算得出表 4 - 8。

表 4 - 8　2001—2014年 J 市社会脆弱性指数

年　份	2001	2002	2003	2004	2005	2006	2007
社会脆弱性	1.72	1.71	1.73	1.69	1.65	1.77	1.73
年　份	2008	2009	2010	2011	2012	2013	2014
社会脆弱性	1.69	1.59	1.54	1.50	1.39	1.25	1.17

四、J 市洪灾社会脆弱性评价结果分析

目前国内外关于自然灾害的研究集中于灾害的自然脆弱性,但是对于灾害社会脆弱性的研究很少,而且局限于理论研究。本研究在借鉴自然灾害社会脆弱性研究成果的基础上,对 J 市洪灾社会脆弱性进行系统分级,按照常用的等距

分级法,根据极差将J市洪灾社会脆弱性分为五个级别,从低到高分别为微脆弱性、轻脆弱性、中脆弱性、强脆弱性、极脆弱性,分别对应五种社会状态:极好、良好、一般、警戒、危机。

由表4-9可知,J市洪灾社会脆弱性指数最小为1.17,最大为1.77,依照极差0.6,把洪灾社会脆弱性分成5级,每级跨度0.12。一般自然灾害脆弱性研究结果中社会脆弱性结果将介于0.00—1.00之间,但是由于本研究采用了熵权法,对原始数据进行标准化处理时采用的方法与其他研究不同,所以脆弱性结果数值介于1.00—2.00之间。

表4-9 J市社会脆弱性分级

脆弱性类型	微脆弱性	轻脆弱性	中脆弱性
社会脆弱性指数	$1.17 \leqslant S_oV_i < 1.29$	$1.29 \leqslant S_oV_i < 1.41$	$1.41 \leqslant S_oV_i < 1.53$
状态	极好	良好	一般
脆弱性类型	强脆弱性	极脆弱性	—
社会脆弱性指数	$1.53 \leqslant S_oV_i < 1.65$	$1.65 \leqslant S_oV_i < 1.77$	—
状态	警戒	危机	—

1. J市洪灾社会脆弱性指数时间序列分析

图4-2显示了J市2001—2014年洪灾社会脆弱性指数时间变化情况。J市洪灾社会脆弱性总体上呈逐步下降趋势,2009年以前社会脆弱性波动较小,只有2005—2006年出现小幅上升,其余年份基本持平。以2009年为节点,社会脆弱性开始迅速降低,并在2014年达到最低。

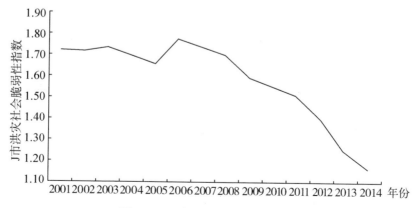

图4-2 J市洪灾社会脆弱性指数

2. J市洪灾社会脆弱性指数走势原因分析

（1）宏观分析。

2001—2003年，J市洪灾社会脆弱性指数基本保持不变，一方面是因为J市这三年未发生重大灾害，政府和民众在灾害预防和应对上没有出现重大变革；另一方面，1998年长江流域发生罕见特大洪水，J市长江大堤第4、5号闸口段决堤，J市城西大面积淹没，J市遭创，蒙受巨大损失，群众伤亡，社会经济发展停滞。但洪灾为J市的应急管理敲响了警钟，虽然短时间内社会脆弱性急剧上升，但是社会的防灾减灾意识迅速增强，并在应急方面投入大量资源。2001年时J市还未从灾害中完全走出来，社会脆弱性为1.72，仍然居高，但是相比较灾难来临时已经降低了很多，并且在2001—2003年间保持洪灾社会脆弱性指数稳定。

2003—2005年，J市洪灾社会脆弱性指数由1.73（极脆弱性）降低至1.65（强脆弱性），这可归功于J市自1998年以来对危机的认识和经济扎实发展，以及文明程度日渐提升。2003年J市已经开始从1998年的洪灾中走出来，2003—2005年期间J市在各方面都取得了比较重大的进展，预示着J市应对自然灾害的能力正在逐步提升。例如，在经济产业发展方面，2003年6月28日，J市经济合作洽谈会在福建福州召开，确定投资总额36亿元；在对外交流方面，2003年7月29日，J市于日本东京召开J市投资贸易洽谈会，投资达10.28亿美元；在自然生态环境建设方面，2004年1月16日，J市锁江公园建成后，增加全市绿化面积30 000平方米，有利于提升应对洪灾时的水土保持能力。

2005—2006年，J市洪灾社会脆弱性指数出现短暂回升，重回"极脆弱性"。考虑到2005—2006年J市的实际情况，2005年9月2日台风"泰利"侵袭J市，瞬时降雨179.67毫米，87个乡镇受灾，41.55万人口受灾；2005年11月26日，J市发生5.7级地震，造成8 700多间房屋倒塌，10万多间受损，12人遇难，57人重伤，同时毁损大量基础设施，使得洪灾社会脆弱性指数上升。

J市洪灾社会脆弱性指数经历短暂回升之后，在2006—2014年期间一直保持呈逐年下降的发展态势。2005—2006年期间的几次自然灾害未能给已经有扎实基础的J市带来实质性破坏，J市开始了真正的快速发展之路。

（2）微观分析。

① 社会人口脆弱性指数。

J市社会人口脆弱性指数变化趋势如图4-3所示，可见J市社会人口脆弱性指数波动较大，出现明显波峰和明显的上升、下降趋势。

2011、2012年为社会人口脆弱性指数的最高峰,自2005年以来一直处于上升状态,且增长速率较大。从原始数据看,2005—2012年人口数量逐渐增长,年复合增长率14.62‰,大于2001—2014年人口的年均复合增长率8.98‰;人口密度亦是逐渐增加,由248人/平方千米增加到269人/平方千米,2001—2014年人口密度的最大值为270人/平方千米;小学生数量于2011年达到最大值为45.47万名。

社会人口脆弱性的六个指标为正向指标,其值越大,洪灾社会脆弱性越大,这主要归因于指标项下特定人群的自身属性。人口密度大,灾害来临遭受损失的人数较多;儿童的身体素质原因较弱,面临灾害时较其他人更为脆弱,所以儿童数量越多,人口脆弱性越大。因此随着人口数量、人口密度等指标的攀升,J市洪灾社会人口脆弱性指数在2005—2012年间逐渐上升。

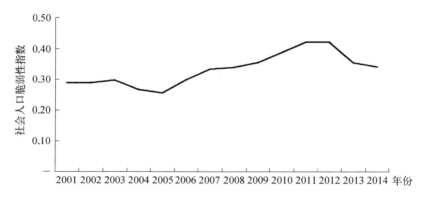

图 4-3 社会人口脆弱性指数

② 社会结构脆弱性。

图4-4为J市2001—2014年社会结构脆弱性指数变化趋势,可见2001—2014年期间J市社会结构脆弱性曲线呈现平滑下降趋势。

社会结构脆弱性包含社会经济和社会保障两大部分,所有指标都是负向指标。根据统计年鉴,发现2001年J市全社会固定资产投资64亿元,社会消费品零售总额68.14亿元,公共财政预算收入10.79亿元,人均GDP达到5 160元,农村居民纯收入1 962元,城市居民人均可支配收入5 541元;2014年,各相应指标分别增长为27倍、6倍、18倍、4倍、3.5倍、10倍、53%、63%。通过以上数据可以看出,J市社会经济指标出现大幅增长,同时社会保障也在不断提升,促成了J市社会结构脆弱性指数的持续健康下滑,有利于J市健康发展。

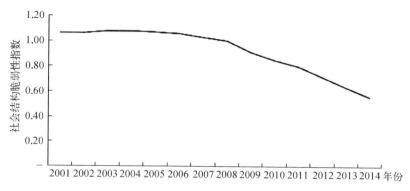

图 4‐4　社会结构脆弱性指数

③ 社会文化脆弱性指数。

J市2001—2014年社会文化脆弱性指数变化趋势如图 4‐5 所示,与J市洪灾社会脆弱性曲线较为相似,但又有不同。社会脆弱性曲线更加平缓,社会文化脆弱性曲线波动更大。2001—2005 年整体下降但幅度不大;2005—2006年突然上升,幅度较大;2006—2012年逐渐下降;2012—2014年又有回升之势。

洪灾社会文化脆弱性的六个指标全部为负向指标。2001—2014年间,除了中学生数量指标外,其他指标整体都保持增长,其中移动电话普及率、公路里程、万人拥有汽车数量更呈现直线增长态势,万人拥有汽车数量从2001年的14.01上升至2004年的483.85。

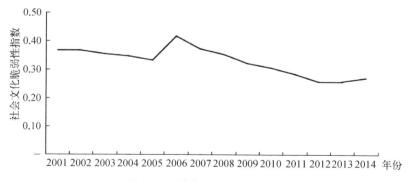

图 4‐5　社会文化脆弱性指数

五、J市洪灾社会脆弱性研究结论

综上,我们对于J市洪灾社会脆弱性研究结论如下。

第一,社会人口脆弱性和社会文化脆弱性对灾害敏感度高。J市洪灾社会脆弱性在2001—2014年间整体上呈现下降趋势,但2005—2006年期间由于出现洪灾和地震,洪灾社会脆弱性曲线、社会人口脆弱性曲线、社会文化脆弱性曲线均出现一定程度的上升,尤其是社会文化脆弱性曲线;但是社会结构脆弱性曲线未受洪灾和地震影响。由此可以发现J市社会人口、文化在抵抗灾害上的相对薄弱,面临灾害的敏感性较高。

第二,建成区园林绿地面积(X_{19})对洪灾社会脆弱性的降低有积极作用。园林绿地可以起到改善环境、蓄水防洪、充当临时性避难所的作用。X_{19}在各年评价指标载荷矩阵中的值均大于0.05,最大0.10,相较其他指标权重较大。进行单项评价指标的模拟运算时,X_{19}单项指标产生的洪灾社会脆弱性指数占当年洪灾社会脆弱性指数的比例越来越高,2014年达到最大值10.66%。由此可见建成区园林绿地建设对于防灾抗灾的积极作用,城市需重视园林绿地建设,提高绿化面积。

第三,社会经济对社会发展,降低洪灾社会脆弱性有基础作用。J市偶有洪灾发生,但是其快速发展的经济为防灾救灾提供了强有力物质基础,为城市后续建设和进一步的防灾减灾提供帮助。J市由于地理位置和气候环境的特殊性,极易遭受暴雨侵袭,如何做好强降雨天气下的抗灾工作是重点,这需要依靠J市的经济作为强有力的后盾。

第二节　地震情境下的社区抗逆力实证分析

一、实例社区选择

N市地处长江口北岸,大地构造位置处于扬子断块区下扬子断块东段,位于长江下游黄海地震带内,该带属中强地震活动区。N市陆域有记载的最大地震为1615年3月1日狼山5级地震;1990年2月10日与N市隔江相望的常熟太仓发生5.1级地震,造成26人伤亡,经济损失1.35亿元;2001年12月25日市郊竹行镇发生3.9级地震。南黄海海域地震对N市影响频繁,如1984年

5月21日6.2级地震和1996年11月9日6.1级地震等,N市地区均震感明显。

N市在江苏省经济社会发展中有着重要地位,一旦发生中强以上地震,将会造成严重人员伤亡和重大经济损失,即使仅受邻近区域地震波及影响,如震感强烈,也会对全市社会正常生产生活秩序造成一定冲击。所以N市面临的地震灾害形势严峻,防震减灾任务艰巨。本研究选取N市M社区和H社区进行地震抗逆力评估的实例研究,所选社区的其中之一在抗震工作中拥有较为出色的表现,另一个的表现较为普通,这样能够保证抗逆力评估实证研究的结果具有一定的普遍性和共性。

1. M社区

M社区位于N市平潮镇北侧,北连三官殿村,西至通扬运河,南邻栖凤社区。社区总面积约0.49平方千米,拥有一条省道,交通便利。社区由26个居民小组组成,其中总户数为1 531户,总人口为3 587人。

M社区是平潮镇的政治中心、经济中心及文化中心。辖区内有平潮镇党政机关。社区内设有中国工商银行等四大行、邮政分局、电信分局、N市肿瘤医院等诸多单位;拥有多个大型商场和众多小商铺,贸易繁荣。M社区大力发展社区文化、企业文化、广场文化、家庭文化等多元的文化,利用节假日组织社区活动,广泛组织有益的文化体育活动。在社区工作人员和居民的共同努力下,M社区曾获得N市民主法治示范社区、社区地震安全示范社区、居民自治模范社区、社区治安综合治理人民调解工作先进集体等荣誉称号。

在人口方面,M社区人口密度适中,外来人口较少,总体失业率低且总体学历较高,且收入水平较高。社区总人口3 587人,其中非户籍人口217人,占总人口的6%;60岁以上的老年人数量为903,占总人口的25%;失业人口为43人,占总人口的1%;低学历人数(18岁以上文化水平在初中及以下的人群)为182人,占总人口的5%。

在建筑和基础设施方面,M社区内以多层板楼为主,平均层数为6.5层,建筑密度适中。社区内拥有省道等宽于7米的道路可以作为应急救援主干道,拥有一定的绿地开敞空间满足疏散需求,总体来说M社区的地震致灾程度较小,但依然存在许多潜在的问题。

2. H社区

H社区位于N市崇川区的西北侧,东起战胜路,西至新村环河,南起村环河,北至 H 菜市场路南。社区面积约0.06平方千米,社区内共有住宅楼 107 幢,共有 3 143 户人家,10 068 人。

2003年 H 街道重修了社区活动中心,并对全体社区内居民及单位开放;2007年 H 街道得到区政府的支持,将 H 公园改造成 1 800 多平方米的公共服务中心,满足 H 社区居民在体育运动、休闲娱乐以及学习方面的需求。在社区工作人员及居民的共同建设下,H 社区曾获得多项荣誉,包括 N 市文明社区、N 市治安模范社区、崇川区综合治理工作先进集体、崇川区巾帼文明示范岗等多项荣誉。

在人口方面,H 社区的人口密度较大,年龄结构分布均匀,虽外来人口较多,但失业率低,收入来源稳定。H 社区总人口 10 068 人,其中非户籍人口4 208人,占总人口 42%;60 岁以上的老年人数量为 3 400 人,占总人口 34%;失业人口 290 人,占总人口 3%;低学历人口 1 240 人,占总人口 12%。

在建筑和设施方面,H 社区内以多层板楼为主,平均层数为 5 层,建筑密度较高。社区内的道路普遍较窄且弯曲,但社区内设有社区公园,可满足一定的避难需求。住宅排水管道老化现象严重,加上地理位置靠近长江等原因,在发生地震后容易引发洪涝、大面积积水等次生灾害。

二、实例社区地震抗逆力评估

结合社区地震抗逆力评估体系,根据各级指标权重及评估分数基准,通过现场踏勘、调研问卷、资料整理等多种方式对 M 社区和 H 社区的社区地震抗逆力现状进行调研。

1. 评估数据收集

因为 H 社区的总人口数是 M 社区总人口数的2.8倍,故此次调查共计发放 380 份调查问卷,其中在 M 社区发放了 100 份调查问卷,在 H 社区发放了 280 份调查问卷。最终,M 社区收回 89 份调查问卷,H 社区收回 254 份调查问卷,共收回 343 份调查问卷,回收率达90.3%。其中,M 社区收回有效问卷有 81 份,H 社区收回有效问卷有 203 份,共计有效问卷 284 份,问卷有效率达82.8%。

样本描述包括性别、年龄、文化程度、角色四个方面,分别如图 4-6 所示,其中样本数为 343 份。

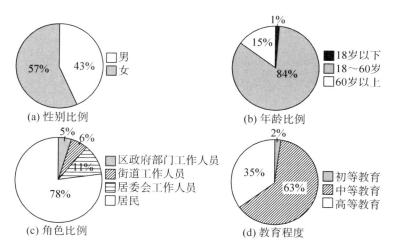

(a) 性别比例

(b) 年龄比例

(c) 角色比例

(d) 教育程度

图 4-6　样本描述

2. 要素指标评分结果

结合相关文献资料与 AHP 方法确定两个社区各项指标的权重,加权计算两个社区各项指标的得分,具体得分情况如表 4-10 所示。

表 4-10　评分结果

二级指标 (要素)	三级指标 (要素下的指标)	三级指标 权重	M 社区 得分	H 社区 得分
卫生安全 (H)	(H₁)洁净的水源及卫生设施	0.046 2	4.5	4.5
	(H₂)食品安全稳定性	0.044 1	4.5	4
	(H₃)医疗资源冗余度	0.043 6	4	4
	(H₄)感染控制稳定性	0.042 9	3	4
	(H₅)免疫规划	0.041 9	3.5	4.5
	(H₆)疾病监测	0.040 3	3	4.5
	(H₇)家庭震灾教育适应性	0.039 7	4	3.5
政府治理 (G)	(G₁)地震预案制定	0.033 5	4	3
	(G₂)基础设施建造标准适应性	0.031 4	4.5	3.5
	(G₃)资源共享	0.029 8	4	4
	(G₄)机构合作与协调效率性	0.027 1	3.5	3

二级指标 (要素)	三级指标 (要素下的指标)	三级指标 权重	M社区 得分	H社区 得分
政府治理 (G)	(G_5)社区参与(志愿服务)	0.022 2	4.5	2.5
	(G_6)国际学习合作	0.021 9	3	3
物理环境 (PE)	(PE_1)关键基础设施稳定性	0.032 4	1	2
	(PE_2)生命线管网冗余度	0.031 1	2	1.5
	(PE_3)震后废弃物管理	0.030 3	1.5	1.5
	(PE_4)高危设施数量	0.029 5	0.5	1.5
	(PE_5)环境监测效率性	0.025 8	1	1
经济 (E)	(E_1)震后重建资金投入	0.047 1	2.5	3
	(E_2)地震保险投保	0.041 8	1	0.5
	(E_3)收入稳定性	0.032 5	1.5	2
	(E_4)震后就业稳定性	0.025 4	1	1.5
人口 (S)	(S_1)地震风险意识和培训适应性	0.020 1	2	2
	(S_2)居民对社区防灾空间的了解情况	0.019 3	1.5	2
	(S_3)对政府的信任度	0.017 9	1.5	2
	(S_4)年龄比例	0.015 9	3.5	5
	(S_5)外来人口	0.012 8	1.5	5
	(S_6)教育水平	0.007 7	1	3
	(S_7)弱势群体救助适应性	0.005 4	1.5	1
信息传播 (IC)	(IC_1)地震预警系统冗余度	0.034 8	3.5	3.5
	(IC_2)通信系统冗余度	0.032 9	4.5	4
	(IC_3)媒体	0.028 2	4	3.5
	(IC_4)视觉报警系统冗余度	0.024 7	3	3
	(IC_5)信息传播效率性	0.019 4	3.5	4

三、实例社区地震抗逆力评估结果分析

1. 社区自身各指标对比

由于总得分受指标权重值影响较大,不能有效识别一个社区中防灾抗逆力薄弱的环节。为了对一个社区中不同方面的抗逆力表现进行对比,在评价时将各二级指标的评分进行求平均运算,满分为5,最低分为0,脆弱性评分规则与之相反。

（1）M 社区。

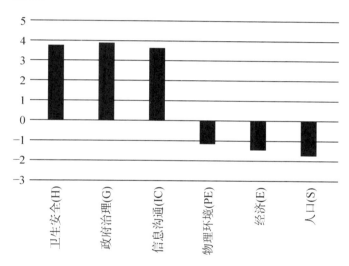

图 4-7　M 社区二级指标实际评分平均值

M 社区地震抗逆力的各二级指标实际评分的平均值如图 4-7 所示。其中,社区卫生安全和政府治理表现突出;脆弱性中的物理环境得分较好,与经济及人口两项指标相比,有着更低的脆弱性。总体来说,M 社区各项指标的评分都比较好,在均分之上,体现了社区较好的抗震防灾抗逆力,需要改进的问题主要集中在人口脆弱性及经济脆弱性方面。

（2）H 社区。

H 社区地震抗逆力的各二级指标实际评分的平均值如图 4-8 所示。其中卫生安全表现最好,为4.1分;而政府治理的评分明显低于其他评分。物理环境、经济两方面的评分较好,脆弱性较低;但人口脆弱性程度比较高,存在比较大的灾损风险。H 社区的各项指标都有提升改进的空间,尤其是要改善社区居委会

的管理及降低人口脆弱性。

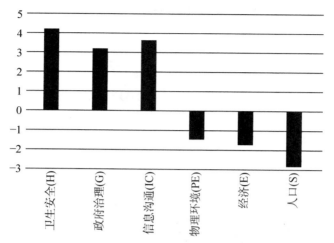

图 4 - 8　H 社区二级指标实际评分平均值

2. 两社区对比

通过比较两个社区的地震抗逆力二级指标得分,我们总结出两社区在社区地震抗逆力各方面的差距。为了方便显示两者数据间的关系,我们将脆弱性三项指标的负向得分转换为正向得分,例如,M 社区的人口脆弱性指标得分为−1.714分,为了便于比较,将其转化为3.286分。统一转化后得到的具体结果如图4−9所示。

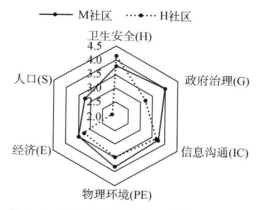

图 4 - 9　两社区地震抗逆力二级指标评分对比

总体来说,两个社区均具有较好的抗逆力。但从对比图可看出,M 社区比H 社区有水平更高的地震抗逆力。相同的是,两社区在信息传播、物理环境、经济三个方面得分相近,且抗逆力得分均较高;两社区的人口脆弱性程度较高,尤其是 H 社区,其评分明显低于均值。不同的是,在政府治理方面,M 社区比 H 社区更具优势;而在卫生安全方面,H 社区的表现则更为优秀。为了进一步分析两社区塑造地震抗逆力的差别所在,下文将从三级指标的评分对比,结合对两个社区的实际调研,找出造成评分差异的原因。

(1)卫生安全。

如图 4-10 所示,M 社区与 H 社区两者在震后的卫生安全方面都是最好的,且两者在该方面的差距很小。具体来看,H 社区在感染控制、免疫规划、疾病监测三个方面的得分高于 M 社区。在调研中发现,H 社区根据上级部门的工作要求,成立了疾病预防控制中心,并形成了检测网络。在地震发生后,辖区内的卫生院及社区卫生服务中心负责收集报告疾病信息。若震后由于次生灾害引发疑似传染病的流行趋势,社区与疾病控制中心的工作人员能够及时对疑似病例进行调查、收集详细的资料,为控制传染病流行提供可靠的依据。

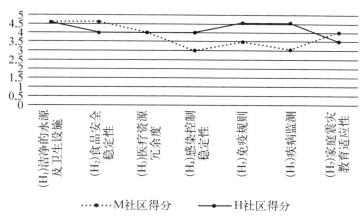

图 4-10　卫生安全要素能力比较

M 社区在食品安全、家庭震灾教育方面的表现更优秀。据调研,M 社区的工作人员会定期向社区居民发放食品安全宣传资料,指导居民在地震发生后如何进行食物的选择和加工,并且避免二次污染。此外,社区计生协会联合相关企业还开展了地震专题系列讲座,提高了社区居民的抗震意识。

(2)政府治理。

如图 4-11 所示,M 社区政府治理能力的水平整体高于 H 社区。在地震预案制定方面,M 社区针对地震及其次生灾害事件制订了相应的应急预案,也会根据当前的形势进行修订,不断修正现有应急预案。此外,M 社区制订了科学的演练计划,针对震后疏散效率,在疏散演练规划设计中,综合考虑了逃生的人数、周围环境及居民行为习惯和心理需求及社区环境现状,确保了社区应急预案是可执行的。H社区也制订了应急计划,但与M社区相比,其应急预案过于陈旧,没有根据社区的变化进行及时更新。在基础社区建造标准方面,M社区的优势明显高于H社区。M社区是平潮镇经济文化的中心,辖区内有平潮镇党政机关、各大银行、邮政分局、消防局、医院,对这些建筑构筑物的稳定性有着较为严格的建设标准。而H社区的基础设施建设规划则比较欠缺,没有明确的规定将社区基础设施建设列入城镇总体规划中;主管建设的相关部门对社区用房的建设、监督、验收工作分派不明确,有可能导致建筑质量不合格,在地震中倒塌,造成更大的伤亡。两社区在"资源共享"方面表现一致,都搭建了资源共享平台,让各部门和居民都能顺畅地查阅相关信息。在社区参与(志愿服务)方面,M社区也领先于H社区。M社区会定期举行"参与志愿服务"主题活动,让志愿者们走进社区,指导居民如何在地震灾害中自救互救。此外,由于M社区居民学历层次较高,社区活动参与程度较高,居民中有较多的退休干部及老党员,他们具有较高的号召力及领导力,能够调动居民参与社区活动的积极性。与之相比,志愿精神还未在H社区环境中成为主流思想,政府对社区志愿服务的支持力度也不够大,导致社区志愿服务不够成熟。在机构合作与协调效率及国际学习合作方面,两社区均处于中等水平,表现差不多。

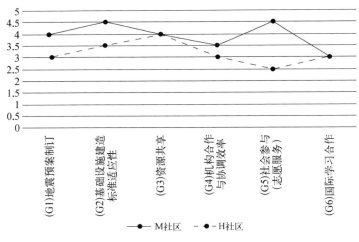

图 4 - 11 政府治理要素能力比较

(3)信息传播。

如图 4 - 12 所示,M社区与H社区在信息传播方面的表现大体一致。在地震预警系统冗余度方面,M社区给居民楼和商铺安装了备用智能电气火灾预警系统,可以实时监控终端用户的用电情况,若地震发生引发短路,系统会及时切断电气并发出警报。H 社区安装了地震预警信息发布系统,能在地震来临前提供几秒到几十秒的预警时间,为社区居民赢得宝贵的反应时间。在通信系统方面,M 社区内的宽带速度达到百兆光网,无线热点基本覆盖了辖区内的医院、银行、邮局、商铺等人流量较多的地方,可以在一定程度上减小突发的网络拥堵概率。在媒体方面,M 社区多次联合相关机构与当地媒体共同推出公益活动;同时,M 社区也构建了自己的媒体平台,为居民提供宣传教育资料和便民服务信息。H 社区在信息传播方面有一定的优势,社区内的宣传栏非常多,内容丰富且部分内容每日更新,包括灾害应急方面的科普知识,例如地震前的预兆、震前震后的预防与自救方式等内容,时时提醒居民注意防范,起到了相当大的作用。在视觉报警系统方面,两社区均表现一般,只在一些重点建筑内装有信号闪光报警器、压电蜂鸣器等报警设备。

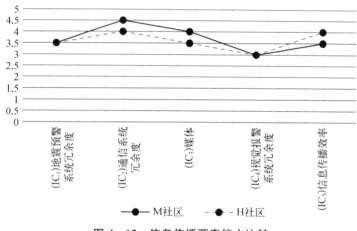

图 4‑12　信息传播要素能力比较

(4) 物理环境。

如图 4‑13 所示,M 社区的物理环境脆弱性程度总体低于 H 社区,但两社区的差距不大。具体来看,M 社区在关键基础设施及高危设施方面的脆弱性程度很低,在其辖区内,拥有医院、消防站、派出所、防空设施等完善的基础设施。而 H 社区的排水设施老化,地震后容易引发大面积积水。H 社区内住宅普遍老旧,加上后期没有很好地维护加固,导致其稳定性较低。M 社区和 H 社区周边范围内均不设有工厂、加油站、液化气站、仓库等高危设施,这是一个优点,因为地震极易引起加油站、液化气站等危险设施发生大型爆炸和次生火灾。在生命线管网方面,M 社区的评分情况不如 H 社区,原因是 M 社区虽然有运输系统、电力系统及通信系统,但三个系统相互独立,没有有效整合,且没有相应的备用系统。

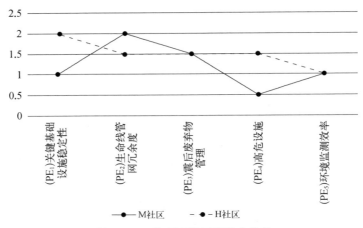

图 4-13 物理环境要素能力比较

（5）经济。

如图 4-14 所示,M 社区与 H 社区在经济方面表现基本一致。在震后重建资金投入方面,与该指标下的其他因素相比,两社区的评分结果都不理想,目前两社区内并没有形成社区地震基金会的概念,社区居委会人员对于如何保证专项资金的安全、最大限度地发挥专项资金应有效应、如何加强对资金的监督等问题都缺乏了解。在保险责任范围方面,随着生活水平提高、风险意识增强,人们对待保险的态度已经逐渐由被动变为主动。调研发现,由于在鼓励单位和个人参加地震灾害保险方面投入了各项措施,M 社区与 H 社区的社会及商业保险购买率均较高。事实上,保险能够为灾区提供可靠且灵活的资金来源,避免社区出

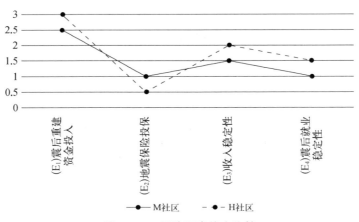

图 4-14 经济要素能力比较

现严重的资金链断裂,从而保证社区的常态抗逆力建设工作及灾后恢复重建工作不会停滞不前。在收入、就业稳定性方面,虽然 M 社区和 H 社区收入的脆弱性一致,但 H 社区的就业形势却不如 M 社区。从评价结果来看,H 社区外来人口占比将近一半,其中大部分是低学历的外来务工人员,发生地震灾害时,很多企业面临产业供应链断裂、生产经营缩水等问题,选择大量裁撤临时员工,使得这些外来务工人员面临严重的失业风险。

(6) 人口。

如图 4 - 15 所示,M 社区与 H 社区的人口脆弱性程度较经济脆弱性和物理环境脆弱性程度更高,尤其是 H 社区在人口指标中存在明显劣势。在地震风险意识和演练适应性方面,M 社区向居民发放"地震地图",并在图上标明家庭周围的安全点和逃生路线,标明医院、消防、应急避难场所的位置,同时标出一些抗震自救的实用建议。H 社区会组织居民进行防灾减灾疏散演习,加强居民自救互救技能培养学习,但频次较少。在居民对社区防灾空间的了解情况方面,M 社区能够调动学校、展览馆、居民活动中心等多部门展开合作,对居民进行宣传教育培训,让居民了解、支持并最大限度参与抗逆力社区建设工作。在对政府的信任度方面,由于社区相关领导及工作人员对待工作认真负责,两社区居民对于各自社区居委会、街道办事处等相关单位的工作都较为信任。在年龄比例方面,60 岁以上的老年人占总人口的比例,M 社区为 25%,H 社区为 34%,评分均不理想,社区老人面临就医难、照顾难、就餐难、精神慰藉难等问题。在外来人口、教育水平方面,H社区的评分结果明显处于劣势。

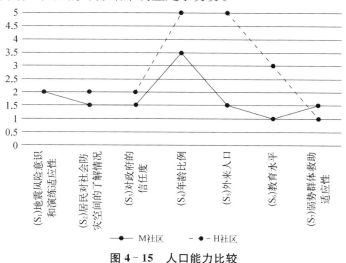

图 4 - 15　人口能力比较

H 社区有近一半的人口为外来人口,其中大部分为低学历的外来务工人员,加之 H 社区在社区流动人口方面的管理存在一些问题,导致在就业、子女教育、公共安全等方面出现了问题。

第三节　台风情境下的社区抗逆力实证分析

本节将结合第二章设计的社区灾害抗逆力评价指标体系和评价模型对我国沿海省份 G 省的 21 个地区开展实证研究与分析。基于抗逆力评价模型,首先根据台风灾害抗逆力评价指标体系,应用主成分分析法分别评估各地区台风灾害抗逆力的脆弱性属性和适应性属性,其次通过 TOPSIS 方法得出各地区的台风灾害抗逆力水平排名。

一、台风灾害脆弱性主成分分析与评价

为衡量 G 省 21 个地区的台风灾害脆弱性,采用第二章表 2-3 作为本例的社区抗逆力评价指标体系。首先通过 SPSS 分别对脆弱性子指标体系和适应性子指标体系进行主成分分析,分析步骤如下。

1. 台风灾害脆弱性主成分分析

(1) 提取台风灾害脆弱性主成分。

表 4-11 展示了地区台风灾害脆弱性主成分分析从原始变量中提取的信息,从提取公因子前后各变量的共同度来看,绝大多数变量的共同度都比较大,这说明从变量空间转化而来的因子空间保留了原始变量比较多的信息,表明因子分析效果是显著的。分析结果共提取出 4 个方差大于 1 的主成分,它们共同解释了原有指标86.555%的变化(见表 4-12)。

表 4-11　公因子方差表

变　　　量	初始值	提取值	变　　　量	初始值	提取值
人口密度	1.000	0.870	工业固体废物产生量	1.000	0.879
地区生产总值	1.000	0.957	失业人数	1.000	0.887
农林牧渔业从业人数占比	1.000	0.875	桥梁数目	1.000	0.896

变　量	初始值	提取值	变　量	初始值	提取值
农林牧渔业产值比重	1.000	0.880	65 岁及以上人口占比	1.000	0.712
废水排放总量	1.000	0.959	0—14 岁人口占比	1.000	0.746
工业废气排放总量	1.000	0.916	女性人口占比	1.000	0.887
工业烟粉尘排放总量	1.000	0.787			

表 4-12　总方差分解表

成分	初始特征值			提取平方和载入		
	合计	方差贡献率/%	累积方差贡献率/%	合计	方差贡献率/%	累积方差贡献率/%
1	5.700	43.849	43.849	5.700	43.849	43.849
2	2.665	20.501	64.350	2.665	20.501	64.350
3	1.685	12.958	77.309	1.685	12.958	77.309
4	1.202	9.246	86.555	1.202	9.246	86.555
5	0.593	4.558	91.112			
6	0.385	2.963	94.076			
7	0.307	2.358	96.434			
8	0.186	1.433	97.867			
9	0.115	0.882	98.749			
10	0.068	0.523	99.273			
11	0.059	0.451	99.724			
12	0.029	0.224	99.948			
13	0.007	0.052	100.000			

（2）计算台风灾害脆弱性主成分得分。

根据 21 个地区的因子得分矩阵乘以其对应的方差的算术平方根，可得每个地区的主成分得分，如表 4-13 所示。

表 4-13 台风灾害脆弱性主成分得分表

地区	主成分 1	主成分 2	主成分 3	主成分 4
GZ 市	1.202 0	2.514 7	1.340 8	1.472 0
SZ 市	5.929 7	−0.318 6	2.487 9	−0.817 0
ZH 市	0.846 8	−0.838 4	−1.201 9	−1.514 4
ST 市	0.555 7	−2.228 6	0.510 7	−0.335 6
FS 市	2.374 6	0.977 2	−1.035 8	1.036 8
SG 市	−0.061 9	2.561 9	−3.184 7	−0.222 0
HY 市	−1.981 2	−1.182 7	0.486 2	1.122 4
MZ 市	−2.143 5	0.459 4	0.383 8	1.398 5
HZ 市	0.390 9	−0.492 5	−0.197 7	1.199 7
SW 市	−1.464 2	−1.528 6	0.584 5	−0.918 7
DG 市	3.075 0	0.544 8	−0.907 6	−0.655 9
ZS 市	2.380 8	−2.129 6	−1.891 9	−0.656 1
JM 市	0.011 9	−0.377 1	−0.046 9	1.326 5
JAY 市	−2.464 0	1.113 3	0.582 4	−1.115 6
ZJ 市	−1.797 6	3.599 5	0.785 4	−2.461 3
MM 市	−2.619 9	0.830 3	2.338 4	0.298 7
ZQ 市	−1.901 1	0.229 3	−0.283 1	0.632 6
QY 市	−1.614 2	0.992 2	−0.964 3	1.194 5
CZ 市	−0.588 8	−2.309 3	−0.259 3	−0.269 4
JIY 市	−0.852 9	−1.625 5	0.305 0	−0.291 0
YF 市	−2.272 1	−0.791 7	0.168 2	−0.424 8

（3）台风灾害脆弱性综合得分及排序。

$$综合得分 = \frac{5.7}{11.252} \times 主成分 1 得分 + \frac{2.665}{11.252} \times 主成分 2 得分 + \frac{1.685}{11.252} \times$$

$$主成分 3 得分 + \frac{1.202}{11.252} \times 主成分 4 得分$$

根据上述公式计算可得 21 个地区的台风灾害脆弱性综合得分及排序见表 4-14。

表 4-14　各地台风灾害脆弱性综合得分表

地区	综合得分	排序	地区	综合得分	排序
SZ 市	3.213 677	1	QY 市	−0.599 520	12
GZ 市	1.562 537	2	MM 市	−0.748 440	13
DG 市	1.480 776	3	MZ 市	−0.770 170	14
FS 市	1.390 008	4	JIY 市	−0.802 470	15
ZS 市	0.348 266	5	ZQ 市	−0.883 560	16
HZ 市	0.179 926	6	CZ 市	−0.912 830	17
SG 市	0.074 793	7	JAY 市	−1.016 480	18
JM 市	0.051 394	8	HY 市	−1.091 040	19
ZH 市	−0.111 370	9	SW 市	−1.114 380	20
ZJ 市	−0.203 410	10	YF 市	−1.358 700	21
ST 市	−0.205 700	11			

2. 台风灾害脆弱性因素

上述主成分分析结果提取出的 4 个综合因子的命名和解释如下。

表 4-15　地区台风灾害脆弱性因素

主成分	命名	解释的百分比/%	主导因素	相关性
1	生活环境	43.849	废水排放总量	0.911
2	工业污染	20.501	工业固体废弃物产生量	0.881
3	弱势群体	12.958	失业人数	0.541
4	关键基础设施	9.246	桥梁数目	0.694

主成分 1 解释的变量是生活环境,主要包括废水排放总量、人口密度、地区生产总值等,这一综合因子解释了原有指标 43.849% 的变化。这些变量反映了各地区生活环境质量的高低,衡量了地区暴露于灾害的可能性。

主成分 2 解释的变量是工业污染,主要包括工业废气、工业烟尘或粉尘和工业固体废弃物产生量等,这一综合因子解释了原有指标 20.501% 的变化。这说明人类社会生产活动的负面影响会增加社会暴露于风险的可能,从而增加社会脆弱性。

主成分 3 解释的变量是弱势群体,主要包括失业人数、0—14 岁儿童和 65 岁及以上老人等,该综合因子解释了原有指标12.958%的变化。这些变量反映了社会群体内部敏感性因子对社会脆弱性的影响,弱势群体数量越多则社会负担越大,社会不稳定因素越多,从而增加社会脆弱性水平。

主成分 4 解释的变量是关键基础设施,如桥梁,这一关键基础设施是沿海台风及风暴潮灾害中最容易遭受损失的物理结构,因此在应对台风及风暴潮等沿海常见的灾害时,对桥梁等关键基础设施的加固和检修是极其重要的。

3. 台风灾害脆弱性分析

以上 21 个地级市地区台风灾害脆弱性得分的标准差为0.557 7,参照标准差平均分为三类:标准差小于 −0.5 表示地区脆弱性水平低,标准差介于 −0.5 和0.5 之间表示地区脆弱性水平中等,标准差大于 0.5 表示地区脆弱性水平高。

G 省大部分地级市脆弱性水平处于中低等级,脆弱性较低的地区普遍存在以下特点:生活环境质量较高,暴露于灾害的风险因子较低,主要表现在地区生产总值较低,废水排放量少,工业污染较小,人口密度低,失业人数较少等方面,而脆弱性高的地区则相反。例如,SZ 市人口密度高达6 272人/千米²,地区生产总值高达22 490亿元,极大的人口密度和经济密度增加了 SZ 市的灾害暴露性风险,因此 SZ 市的脆弱性水平是 GZ 市、DG 市、FS 市等地的两倍以上。G 省台风灾害脆弱性水平高的地区主要是 G 省沿海的经济发达的中心城市,脆弱性水平较低的地区主要是经济发展水平较低的内陆地区。

二、适应性主成分分析与评价

采用与脆弱性主成分分析相同的过程,利用前文中提出的适应性指标,对适应性指标体系进行主成分分析,步骤如下。

1. 台风灾害适应性主成分分析

(1) 提取台风灾害适应性主成分。

表 4 - 16 给出了利用适应性主成分分析方法从原始变量中提取的信息,从提取公因子前后各变量的共同度来看,绝大多数变量的共同度都比较大,因子分析效果显著。分析结果共提取出 8 个方差大于 1 的主成分,这 8 个主成分共同解释了原有指标90.856%的变化(见表 4 - 17)。

表 4 - 16　公因子方差表

变量	初始值	提取值
城市污水处理率	1.000	0.833
城市生活垃圾无害化处理率	1.000	0.862
地区人均生产总值	1.000	0.956
社会团体	1.000	0.859
水、电、燃气生产和供应业法人单位占比	1.000	0.887
建筑业法人单位占比	1.000	0.817
交运仓储和邮政业法人单位占比	1.000	0.777
信息技术服务业法人单位占比	1.000	0.983
金融业法人单位占比	1.000	0.920
科研技术服务业法人单位占比	1.000	0.834
水利环境和公共设施管理业法人单位占比	1.000	0.933
居民服务行业法人单位占比	1.000	0.777
教育业法人单位占比	1.000	0.897
卫生和社会工作行业法人单位占比	1.000	0.896
公共管理社会保障法人单位占比	1.000	0.922
建筑业企业个数	1.000	0.971
建筑业企业生产总值占比	1.000	0.788
建筑业企业劳动生产率	1.000	0.656
实际利用外商投资额	1.000	0.994
各地区出口总额	1.000	0.987
各地区进口总额	1.000	0.976
接待入境旅游人数	1.000	0.977
出境游人数	1.000	0.943
接待国内旅游人数	1.000	0.931
各市旅游业收入	1.000	0.974
人均地方一般公共预算支出	1.000	0.964
第二产业产值比重	1.000	0.900

变量	初始值	提取值
第三产业产值比重	1.000	0.876
住宅平均价值	1.000	0.963
各市年末就业人数	1.000	0.992
高等教育程度人口	1.000	0.951
水、电、燃气生产和供应业从业人数占比	1.000	0.875
建筑业从业人数占比	1.000	0.874
交运仓储和邮政业从业人数占比	1.000	0.932
信息技术服务业从业人数占比	1.000	0.948
金融业从业人数占比	1.000	0.768
科研技术服务业从业人数占比	1.000	0.992
水利环境和公共设施管理业从业人数占比	1.000	0.852
居民服务行业从业人数占比	1.000	0.854
教育业从业人数占比	1.000	0.974
卫生和社会工作业从业人数占比	1.000	0.970
公共管理社会保障从业人数占比	1.000	0.919
金融机构本外币存款余额	1.000	0.985
中外资金融机构本外币住户存款	1.000	0.973
城镇居民人均可支配收入	1.000	0.978
农村居民人均可支配收入	1.000	0.917
城市人均绿地面积	1.000	0.686
民用汽车拥有量	1.000	0.962
学校数量	1.000	0.925
每千人医疗机构床位数	1.000	0.895
每千人卫生技术人员	1.000	0.950
客运总量	1.000	0.918
货运总量	1.000	0.963
邮电业务总量	1.000	0.993
城乡基本养老保险参保人数占比	1.000	0.794
城乡基本医疗保险参保人数占比	1.000	0.936
失业保险人数占比	1.000	0.958

表 4 - 17　总方差分解表

成分	初始特征值			提取平方和载入		
	合计	方差贡献率/%	累积方差贡献率/%	合计	方差贡献率/%	累积方差贡献率/%
1	27.585	48.395	48.395	27.585	48.395	48.395
2	8.775	15.395	63.790	8.775	15.395	63.790
3	5.084	8.919	72.709	5.084	8.919	72.709
4	3.600	6.316	79.025	3.600	6.316	79.025
5	2.316	4.064	83.089	2.316	4.064	83.089
6	1.915	3.360	86.448	1.915	3.360	86.448
7	1.340	2.352	88.800	1.340	2.352	88.800
8	1.172	2.057	90.856	1.172	2.057	90.856
9	0.885	1.553	92.409			
10	0.843	1.478	93.887			
11	0.648	1.136	95.024			
12	0.638	1.119	96.143			
13	0.525	0.921	97.063			
14	0.446	0.783	97.846			
15	0.335	0.587	98.434			
16	0.265	0.465	98.899			
17	0.222	0.390	99.289			
18	0.164	0.287	99.576			
19	0.142	0.249	99.825			
20	0.100	0.175	100.000			
21	$1.590E-15$	$2.790E-15$	100.000			
22	$1.129E-15$	$1.980E-15$	100.000			
23	$1.088E-15$	$1.909E-15$	100.000			
24	$9.797E-16$	$1.719E-15$	100.000			
25	$8.947E-16$	$1.570E-15$	100.000			
26	$8.848E-16$	$1.552E-15$	100.000			
27	$7.693E-16$	$1.350E-15$	100.000			
28	$7.144E-16$	$1.253E-15$	100.000			
29	$5.987E-16$	$1.050E-15$	100.000			

成分	初始特征值			提取平方和载入		
	合计	方差贡献率/%	累积方差贡献率/%	合计	方差贡献率/%	累积方差贡献率/%
30	5.559E－16	9.752E－16	100.000			
31	4.906E－16	8.607E－16	100.000			
32	3.145E－16	5.517E－16	100.000			
33	2.953E－16	5.181E－16	100.000			
34	2.488E－16	4.365E－16	100.000			
35	1.727E－16	3.030E－16	100.000			
36	1.309E－16	2.297E－16	100.000			
37	6.520E－17	1.144E－16	100.000			
38	4.083E－17	7.162E－17	100.000			
39	2.643E－17	4.638E－17	100.000			
40	－6.197E－17	－1.087E－16	100.000			
41	－1.021E－16	－1.791E－16	100.000			
42	－1.438E－16	－2.523E－16	100.000			
43	－1.569E－16	－2.753E－16	100.000			
44	－2.456E－16	－4.309E－16	100.000			
45	－3.134E－16	－5.498E－16	100.000			
46	－3.688E－16	－6.470E－16	100.000			
47	－3.868E－16	－6.786E－16	100.000			
48	－4.880E－16	－8.562E－16	100.000			
49	－5.444E－16	－9.551E－16	100.000			
50	－5.801E－16	－1.018E－15	100.000			
51	－6.249E－16	－1.096E－15	100.000			
52	－7.232E－16	－1.269E－15	100.000			
53	－8.166E－16	－1.433E－15	100.000			
54	－9.120E－16	－1.600E－15	100.000			
55	－1.030E－15	－1.807E－15	100.000			
56	－1.212E－15	－2.127E－15	100.000			
57	－1.429E－15	－2.507E－15	100.000			

注：表中部分数据由于数值太小（约 0.000 000 000 000 002 79），SPSS 软件输出时会采用科学计数法。

（2）计算台风灾害适应性主成分得分。

根据 21 个地区的因子得分矩阵乘以其对应的方差的算术平方根，可得每个地区的主成分得分，如表 4-18 所示。

表 4-18　台风灾害适应性主成分得分表

地区	主成分 1 得分	主成分 2 得分	主成分 3 得分	主成分 4 得分	主成分 5 得分	主成分 6 得分	主成分 7 得分	主成分 8 得分
GZ 市	13.907 6	6.435 1	2.948 8	−3.347 6	0.692 1	−1.045 8	0.844 1	0.538 6
SZ 市	13.390 3	0.544 1	−6.328 1	3.048 5	−1.090 0	0.868 6	−0.706 9	−0.225 7
ZH 市	4.027 7	−1.752 7	2.833 9	4.682 3	3.225 7	−1.098 0	0.715 1	−0.301 2
FS 市	3.259 7	−4.422 4	1.482 5	−1.726 4	−0.055 1	0.799 8	−0.207 3	−1.241 3
DG 市	3.993 0	−5.614 6	−0.103 6	−2.256 8	−2.525 1	0.290 7	0.147 3	1.225 2
HZ 市	0.747 3	−3.504 1	1.706 8	0.304 2	0.337 7	0.078 1	0.425 1	1.445 7
ZS 市	1.141 6	−5.294 2	1.994 7	−0.161 1	0.078 6	−0.679 2	−0.779 5	−0.602 3
JM 市	−0.164 2	−1.016 3	1.117	−0.505 1	−0.820 1	−0.351 5	−0.383 5	−0.498 8
ZJ 市	−2.009 0	2.445 9	0.129 7	−1.089 7	1.722 2	1.445 8	−1.856 3	0.559 1
SG 市	−2.714 5	3.423 6	1.469 1	0.542 5	−2.535 6	0.403 6	1.086 3	−2.815 8
ST 市	−1.345 3	−0.849 3	−1.629 4	−0.574 9	2.610 7	1.034 7	−0.595 0	−1.389 8
HY 市	−2.903 6	1.185 1	0.163 7	1.404 6	−0.052 6	0.050 1	2.176 7	0.203 0
MM 市	−3.062 4	1.780 9	0.545 6	−1.087 1	0.876 1	3.443 3	−0.182 5	−0.232 9
MZ 市	−3.748 5	3.414 1	1.220 2	1.579 5	−0.751 2	0.075 8	−1.617 5	1.977 0
QY 市	−2.631 6	1.039 7	0.054 2	0.718 4	−1.907 1	−0.385 6	0.108 0	−0.474 6
JAY 市	−2.786 2	0.899 4	0.830 0	0.801 5	−0.382 7	−0.905 2	−1.934 3	−0.514 3
ZQ 市	−2.789 2	0.737 1	0.584 8	0.473 5	−1.438 2	−0.552 4	−0.214 2	0.694 7
YF 市	−3.816 4	0.687 9	−0.387 0	1.421 7	−0.765 2	−0.161 4	−0.142 2	0.838 8
SW 市	−4.250 3	−0.125 4	−1.773 5	0.281 5	0.353 7	−0.076 1	2.420 3	0.941 6
JIY 市	−3.872 7	−0.606 9	−3.251 6	−2.164 9	1.325 3	0.852 1	1.294 1	0.444 9
CZ 市	−4.373 4	0.593 2	−3.607 6	−2.344 5	1.100 7	−4.087 9	−0.597 1	−0.572 0

（3）台风灾害适应性综合得分及排序。

综合得分＝（主成分 1 得分×27.585＋主成分 2 得分×8.775＋主成分 3 得分×5.084＋主成分 4 得分×3.600＋主成分 5 得分×2.316＋主成分 6 得分×1.915＋主成分 7 得分×1.340＋主成分 8 得分×1.172）/51.788

根据上述公式计算可得 21 个地区的台风灾害适应性综合得分及排序见表 4-19。

表 4－19　各地台风灾害适应性综合得分表

地区	适应性得分	排序	地区	适应性得分	排序
GZ 市	8.581 4	1	HY 市	−1.171 7	12
SZ 市	6.775 2	2	MM 市	−1.194 9	13
ZH 市	2.567 4	3	MZ 市	−1.216 5	14
FS 市	1.006 1	4	QY 市	−1.277 8	15
DG 市	0.937 9	5	JAY 市	−1.306 8	16
HZ 市	0.054 7	6	ZQ 市	−1.345 1	17
ZS 市	−0.159 7	7	YF 市	−1.880 3	18
JM 市	−0.256 0	8	SW 市	−2.342 8	19
ZJ 市	−0.623 6	9	JIY 市	−2.501 0	20
SG 市	−0.817 9	10	CZ 市	−2.876 4	21
ST 市	−0.952 2	11			

2. 台风灾害适应性因素

上述主成分分析结果提取出的 8 个综合因子的命名和解释如下。

表 4－20　地区台风灾害适应性因素

主成分	命　名	解释的百分比/%	主导因素	相关性
1	社会经济发展及开放程度	48.395	建筑企业个数	0.979
2	社会公共管理及保障水平	15.395	公共管理及社会保障从业人数占比	0.816
3	医疗设施水平	8.919	每千人医疗机构床位数	0.813
4	金融业发展水平	6.316	金融业法人单位占比	0.601
5	教育	4.064	学校数量	0.397
6	环境保护	3.360	城市生活垃圾无害化处理率	0.600
7	居民服务	2.352	居民服务行业从业人数占比	0.336
8	环境质量	2.057	城市人均绿地面积	0.389

主成分 1 解释的变量是社会经济发展及开放程度,主导因素包括建筑企业个数、地区人均生产总值、地区利用外商投资额、接待入境游和国内游旅游人数、金融机构存款金额、邮电业务总量、进出口总额等,这一综合因子解释了原有指标48.395%的变化。这些变量一方面反映了建筑企业在地区恢复重建中的重要地位,另一方面反映了地区财富是地区应对灾害、适应灾害、快速恢复的基础。此外,地区与外界社会的沟通交流水平对地区适应性水平的提高也有极大的促进作用。

主成分 2 解释的变量是社会公共管理及保障水平,包括公共管理及社会保障从业人数占比、卫生和社会工作业从业人数占比、水利环境和公共设施管理业从业人数占比等,这一综合因子解释了原有指标15.395%的变化。这些变量说明了在面对灾害影响时,社会公共管理及保障水平有利于维持地区的基础设施服务水平,有利于地区尽可能减轻或吸收灾害影响,是地区恢复重建的基础及重要支撑。

主成分 3 解释的变量是医疗设施水平,包括每千人医疗机构床位数、每千人卫生技术人员数等变量,该综合因子解释了原有指标8.919%的变化,这些变量反映了医疗设施水平对当地灾害应急响应能力的重要性。

主成分 4 的主导变量是金融业发展水平,该因子反映地区金融业对地区灾后恢复重建的推动作用。

主成分 5 的主导变量是学校数量。一方面,该因子反映教育对地区适应性的意义,从短期来看,体现在灾害发生时社会整体素质对于灾害应对能力的重要性;从长期来看,更体现在地区人口整体教育水平对灾后社会发展的深远影响。另一方面,学校是较好的紧急避难场所,因此学校在应急响应阶段也可以发挥重大作用。

主成分 6 的主导变量是城市生活垃圾无害化处理率,该因子反映环境保护的重要作用。良好的环保能力有利于提高社会系统对生态系统的适应性,促进社会系统与生态系统和谐共处,有效减少灾害发生。

主成分 7 的主导变量是居民服务行业从业人数占比。由于灾害会对地区居民的生活秩序带来一定的影响,居民服务从业人数较多,意味着当地能够以更快的速度、更充足的劳动力来减少或者消除这种灾害影响。

主成分 8 的主导变量是城市人均绿地面积,该变量代表了地区生态环境质量。优质的生态环境在某种程度上有利于降低地区社会暴露于灾害的风险,提高地区社会的适应性。

3. 台风灾害适应性分析

以上21个地级市地区灾害适应性得分的标准差为1.393 3,参照标准差平均分为三类:标准差小于-0.5表示地区适应性水平低,标准差介于-0.5到0.5之间表示地区适应性水平中等,标准差大于0.5表示地区适应性水平高。

G省大部分地区的灾害适应性水平处于中等水平,适应性水平较高的地区有GZ市、SZ市和ZH市,较低的地区则包括YF市、SW市、JIY市和CZ市。根据影响地区适应性水平的因素可以看出适应性水平较高的地区普遍存在以下特点:地区财富额度大,社会经济发展和开放程度高,社会公共管理及保障水平高,医疗设施机构水平高,金融行业发达,教育水平发达等,而适应性水平较低的地区则普遍在以上各个方面存在不足。

三、台风灾害抗逆力综合评价

脆弱性和适应性是地区灾害抗逆力的不同作用过程表现属性,这两种属性是相互影响的。问题在于,二者对抗逆力水平高低的贡献是否存在明显差异,管理者应更注重哪一方面? 下面将通过抗逆力的综合评价来分析这个问题。

1. 台风灾害抗逆力 TOPSIS 评价

根据以上脆弱性和适应性的主成分分析结果,采用 TOPSIS 方法对各地的脆弱性和适应性进行 TOPSIS 评价,分析过程如下:

首先,根据脆弱性主成分综合得分和适应性主成分综合得分,可以得出最优解向量和最劣解向量,见表4-21。

表 4-21 最优解向量和最劣解向量

	脆弱性	适应性
最优解	-1.358 7	8.581 4
最劣解	3.213 7	-2.876 4

其次,求出各地区综合得分与最优解向量及最劣解向量的距离,CI 值=最劣解距离/(最优解距离+最劣解距离),因此 CI 值越大,表明地区综合得分与最劣解的距离越远,综合得分与最优解的距离越近,即台风灾害抗逆力综合评价值越高,CI 值见表4-22。

表 4 - 22　地区台风灾害抗逆力 CI 值

地区	各地区综合得分与最优解的距离	各地区综合得分与最劣解的距离	CI 值
GZ 市	2.921 2	3.402 4	0.538 0
SZ 市	4.916 2	3.106 7	0.387 2
ZH 市	6.142 0	2.525 7	0.291 4
FS 市	8.058 6	2.071 1	0.204 5
DG 市	8.153 9	2.046 8	0.200 7
HZ 市	8.664 4	2.053 9	0.191 6
JM 市	8.949 2	2.026 5	0.184 6
ZS 市	8.906 2	1.987 1	0.182 4
HY 市	9.756 8	2.151 7	0.180 7
ZJ 市	9.277 2	2.023 1	0.179 0
JAY 市	9.894 1	2.124 1	0.176 7
MM 市	9.795 3	2.074 6	0.174 8
MZ 市	9.815 6	2.077 5	0.174 7
ZQ 市	9.937 9	2.091 4	0.173 9
YF 市	10.461 7	2.163 2	0.171 3
ST 市	9.603 1	1.980 8	0.171 0
QY 市	9.888 4	2.033 4	0.170 6
SG 市	9.508 0	1.937 4	0.169 3
SW 市	10.926 9	2.088 3	0.160 4
JIY 市	11.096 3	2.008 4	0.153 3
CZ 市	11.466 5	2.031 4	0.150 5

　　再次,根据表 4 - 22 的各地区台风灾害抗逆力综合评价结果,结合前两节脆弱性和适应性两种属性各自的主成分得分及评价等级,将 G 省 21 个地级市的台风灾害抗逆力等级分为三个梯队,第一梯队包括 GZ 市、SZ 市、ZH 市、FS 市和 DG 市 5 个地级市,第二梯队包括 HZ 市、JM 市、ZS 市等 12 个地级市,第三梯队包括 SG 市、SW 市、JIY 市和 CZ 市 4 个地级市,综合评价表见表 4 - 23。

表 4-23　地区台风灾害抗逆力综合评价表

	地区	脆弱性评价			适应性评价			灾害抗逆力 TOPSIS 综合评价	
		综合得分	等级	排名	综合得分	等级	排名	综合评分	排名
第一梯队	GZ 市	1.562 5	高	20	8.581 4	高	1	0.538 0	1
	SZ 市	3.213 7	高	21	6.775 2	高	2	0.387 2	2
	ZH 市	−0.111 4	中	13	2.567 4	高	3	0.291 4	3
	FS 市	1.390 0	高	18	1.006 1	中	4	0.204 5	4
	DG 市	1.480 8	高	19	0.937 9	中	5	0.200 7	5
第二梯队	HZ 市	0.179 9	中	16	0.054 7	中	6	0.191 6	6
	JM 市	0.051 4	中	14	−0.256 0	中	8	0.184 6	7
	ZS 市	0.348 3	中	17	−0.159 7	中	7	0.182 4	8
	HY 市	−1.091 0	低	3	−1.171 7	中	12	0.180 7	9
	ZJ 市	−0.203 4	中	12	−0.623 6	中	9	0.179 0	10
	JAY 市	−1.016 5	低	4	−1.306 8	中	16	0.176 7	11
	MM 市	−0.748 4	低	9	−1.194 9	中	13	0.174 8	12
	MZ 市	−0.770 2	低	8	−1.216 5	中	14	0.174 7	13
	ZQ 市	−0.883 6	低	6	−1.345 1	中	17	0.173 9	14
	YF 市	−1.358 7	低	1	−1.880 3	低	18	0.171 3	15
	ST 市	−0.205 7	中	11	−0.952 2	中	11	0.171 0	16
	QY 市	−0.599 5	低	10	−1.277 8	中	15	0.170 6	17
第三梯队	SG 市	0.074 8	中	15	−0.817 9	中	10	0.169 3	18
	SW 市	−1.114 4	低	2	−2.342 8	低	19	0.160 4	19
	JIY 市	−0.802 5	低	7	−2.501 0	低	20	0.153 3	20
	CZ 市	−0.912 8	低	5	−2.876 4	低	21	0.150 5	21

2. 台风灾害抗逆力分析

对以上结果进行分析,得出结论如下。

第一,各地区在适应性上的差别大于其在脆弱性上的差别,当适应性水平较高时,即便脆弱性水平也很高,灾害抗逆力水平仍然较高,这说明适应性对灾害抗逆力的水平高低起主导作用。例如,位于第一梯队的 GZ 市、SZ 市、ZH 市、FS 市和 DG 市,第二梯队的 HZ 市、JM 市、ZS 市、ZJ 市、MM 市和 MZ 市以及第三梯队的 SW 市、JIY 市和 CZ 市的抗逆力排名均与其适应性水平排名保持高度一致性。其中,GZ 市、SZ 市、ZH 市、FS 市和 DG 市以及 HZ 市、JM 市、ZS 市的脆弱性水平均较高,但这对其最终的灾害抗逆力评价结果并没有较大的负面影响,如 ZH 市和 SZ 市,虽然 ZH 市脆弱性比 SZ 市低很多,但是 SZ 市的适应性水平几乎是 ZH 市的三倍,因此最终 SZ 市的台风抗逆力结果依然高于 ZH 市;而 SW 市、JIY 市和 CZ 市虽然脆弱性水平较低,但对其最终灾害抗逆力评价结果也没有明显的提升效果。因此可以认为,当适应性水平过高和过低时,脆弱性对抗逆力的解释能力将会变得非常弱,这说明适应性能力的提高对于地区的抗逆力水平的提高具有非常大的贡献和意义。

第二,当各地区适应性水平差别较小时,脆弱性水平对其各自台风灾害抗逆力水平的高低有较大影响,这说明脆弱性对于灾害抗逆力仍有一定的解释能力。例如,YF 市的适应性排名为 18,但脆弱性排名为 1,因此其灾害抗逆力水平提升到了第 15 名;HY 市则凭借较低的脆弱性(第 3)和中等水平的适应性(第 12)将灾害抗逆力排名提升到了第 9 位。相反,SG 市虽然适应性较高(第 10),但由于其较高的脆弱性(第 15),灾害抗逆力水平落在第三梯队(第 18),但较高的适应性使其抗逆力水平成为第三梯队中的第一名。对于第一梯队普遍高适应性的地区来说,GZ 市适应性水平最高,脆弱性水平又比 SZ 市低,因此其台风灾害抗逆力的最终评价结果高于 SZ 市,且与 SZ 市拉开了较大差距。再例如 JM 市和 ZS 市,适应性排名分别为第 8 和第 7,但是脆弱性排名分别为第 14 和第 17,使得两地抗逆力排名颠倒过来变为了第 7 和第 8。因此当适应性能力无法获得显著提高时,降低地区脆弱性对地区灾害抗逆力的提高也有一定的积极作用。

第三,脆弱性和适应性之间并不一定是相互促进的关系,适应性高的地区往往脆弱性也高,因此适应性的提高不一定能够降低脆弱性,相反却有可能增加脆弱性,且脆弱性低的地区适应性也不一定高。社会财富和发展水平越高,地区适应性能力越强。但由于社会系统的高度复杂性,社会发展必然是以牺牲一定的资源为代价的,尤其是自然资源,它的过度消耗必然会造成各类问题,在这种情况下,脆弱性的上升是不可避免的。所以适应性较高的社会往往伴随着较高的脆弱性,这种现象是符合社会发展规律的。虽然脆弱性和适应性之间没有直接的因果关系,但是二者对于抗逆力都有直接影响作用,脆弱性的降低和适应性的提高均有利于提高地区灾害抗逆力。抗逆力水平的提升对于社会的可持续发展是至关重要的。

第四，脆弱性和适应性共同决定了当地抗逆力水平的高低，且适应性对于抗逆力水平的高低起主导作用。台风灾害适应性能力的改善对于台风灾害抗逆力水平的提高具有关键作用，但台风灾害脆弱性的降低对于台风灾害抗逆力水平的提升也有明显的积极作用。因此，管理者如何选择提高某地区的台风灾害抗逆力水平的策略，可以从改善台风灾害适应性能力、降低台风灾害脆弱性两个方面来考虑。

3. 台风灾害抗逆力提升策略

根据以上对台风灾害抗逆力两大属性以及台风灾害抗逆力的综合评价分析，分别从台风灾害脆弱性降低、适应性提升两个方向给出提高地区台风灾害抗逆力水平的意见与建议。此外，虽然脆弱性和适应性之间没有直接的因果关系，但是脆弱性降低措施和适应性提升策略却常常相互交叉，因此以下策略的归类将主要根据前文脆弱性和适应性分析因素来判断。

(1) 沿海地区台风灾害脆弱性降低策略。

① 增强台风灾害监测与预警能力。本研究表明，沿海地区台风灾害脆弱性主要源自当地对于沿海台风灾害的暴露性和敏感性。台风的监测与预警是沿海地区预防和应对台风灾害的基础，所以灾害监测与预警机制的建立对沿海地区降低暴露性和敏感性具有极大意义。例如，对台风灾害提前预警、提醒地区居民检查加固高空物体、提醒出海船只回港避风等。要做到对于台风灾害的精准检测和预报，需要改进并完善气象监测体系，利用先进技术和手段如卫星、航空及航天遥感等获取连续的气象监测系统信息，提高气象预报精准度，以便为气象灾害及时准确地预报预警提供支持。这是提高沿海地区台风灾害抗逆力的基本要求。

② 加强工程防护措施。工程防护措施的目的也是降低地区台风灾害暴露性。台风等气象灾害经常侵袭我国东南沿海地区，而且具有一定的周期性。为了保护这些地区的生命财产安全，建立完善的防护体系是必需的。一方面，地区需要努力提高沿海堤坝、海塘等海防工程的防护标准，并且在台风季节到来前对现有海防工程进行修缮、加固，渔业发达地区应建立避风港；另一方面，依靠海岸带生态系统等天然屏障来削减台风和风暴潮等对海岸的冲击，如珊瑚礁、红树林和防护林带等，所以当地应该采取防护措施来保护这些自然环境。

③ 保护环境，减少污染。根据本研究结果显示，废水排放和工业污染对沿海地区灾害脆弱性的影响较大，环境对于气象灾害的影响也是有目共睹的，例如温室效应引起的海平面上升对于整个气象系统都具有宏观影响，工业污染会导

致酸雨等。

④ 关注弱势群体。根据本研究结果显示,失业人群等弱势群体对地区台风灾害脆弱性的影响较大,这通常是因为弱势群体对灾害的适应性能力较低。此外,农林牧渔等产业从业人员的财产安全也面临极大的威胁。所以,在台风灾害发生前后,对这类群体保持高度关注和积极援助对于提高地区的整体台风灾害抗逆力水平具有不容忽视的作用。

(2) 沿海地区台风灾害适应性提升策略。

① 努力创造社会财富。根据本研究结果显示,地区财富值对地区台风灾害适应性具有较大影响,而且包括地区财富在内的经济资本在灾害管理活动的各个阶段都是最为基础的影响因素和资源,对地区其他能力的影响也具有显著作用。然而,地区社会财富的创造依赖于地区长期的经济发展,是整个地区的管理者和人民群众共同努力奋斗的结果。如何利用地区有限资源创造出较多的社会财富,是管理者需要深入思考的地方。

② 提高地区开放程度。地区越开放,地区的台风灾害适应能力就越强。一方面,地区开放程度高表示地区财富分散,从而能够分散财富的暴露性风险。如果一个社会系统的地区财富积累不依赖于有限物质资源,面对台风灾害时通常具有较强的适应能力和抗逆力水平。另一方面,地区开放表示地区与外界的交流能力强,沟通渠道成熟,这有利于提升地区在台风灾害发生时的应急响应能力和灾后恢复能力。

③ 完善公共管理和社会保障制度。台风灾害对地区的影响不仅表现在台风灾害损失的单一层面上,对生产和生活秩序造成的无形损失有时甚至大于灾害实质损失,而完善的公共管理和社会保障制度能够降低社会系统的无形损失,从而增强社会系统对台风灾害影响的适应性。面对自然灾害时,公共管理能力反映在应急管理能力上,例如对台风灾害的应急处置能力、对灾民的救援安置能力、对灾情的减轻控制能力等。此外,通过公共管理与社会保障制度提高对弱势群体的关注度,也会有利于降低当地的台风灾害脆弱性。

④ 提高医疗设施和水平。台风灾害通常会造成人员伤亡,尤其是重大台风灾害情形下,灾中伤员的紧急医护治疗和灾后伤员的恢复理疗都会对地区的医疗能力和水平形成巨大的挑战。

⑤ 完善社会金融及保险体系。保险能够分散、转移受灾单位或个人的损失。在我国沿海易受台风灾害威胁的区域采取一定的强制保险措施,将事后救助转变为事前保险,逐步建立灾害风险分担的长效机制,对于地区防灾减灾、灾后迅速恢复生产生活、稳定人民生活、恢复社会经济发展秩序具有重要作用。另

外,社会金融体系的完善发展对于地区灾后恢复以及经济发展具有强大的推动作用。

⑥ 大力发展教育。地区发展最关键的资源是人力资源,因此教育对地区发展的重要性不言而喻。人口素质的提高对于地区的可持续发展极为关键,就灾害应急阶段来看,对地区居民开展广泛的台风灾害管理教育,能够提高居民的防灾减灾意识及应急处理能力;从可持续发展的长期角度来看,地区的灾后恢复和建设则依赖于人口素质的全面提高。

第五章　灾害情境下的区域经济抗逆力

在经济学文献中,经济抗逆力被认为是系统抵抗灾害冲击的特定属性;在灾害研究中,经济抗逆力是评估灾害造成的经济损失及造成后果的一种重要方面。本章将社区放大至区域,针对灾害情境下区域经济抗逆力展开研究,首先厘清灾害情境与经济抗逆力的定义,并辨析其特点,识别影响因素及相关指标,构建评价体系与预测模型,然后通过我国大陆地区 31 个省(市、自治区)的相关数据进行实证分析,剖析灾害情境下经济抗逆力的现状与特性,对其运行机制进行探究。

第一节　经济抗逆力的概念模型

一、经济系统的灾害情境

1. 概念界定

经济系统是动态发展的,在灾害情境下的变化充满不确定性。为了准确预测经济系统的发展方向,制定调整经济发展的有效策略,决策者需要深入了解经济系统应对灾害情境时的变化机制,并且根据特定情境进行分析,这样才能更快速、更有效地进行决策。

经济系统的灾害情境是指经济系统面对自然灾害及其可能带来的连锁伤害的情境。为了抵抗此类情境对于经济系统形成的损失,需要社会各界人员根据生活和学习经验进行快速反应,相互协调,努力使得经济系统恢复常态发展。灾害管理的生命周期理论在这类情境中同样适用,灾前、灾中、灾后都在经济系统的灾害情境范畴之内。

现有的经济抗逆力研究缺少对灾害情境统一框架的构建,大多侧重于某一类型自然灾害下的经济系统抗逆特性,原因可能是灾害种类众多,单一灾害情形下比较容易刻画具体灾害对于经济系统的影响。为了建立具有普适性的经济抗逆力框架,使得经济抗逆力的评价与分析方法能够适用于各类灾害情境下的不同地域,本研究只研究经济系统如何应对灾害损失的作用机制,而不考虑灾害情境是哪一种具体的灾害类型,从多灾害的宏观角度探究区域经济抗逆力,为经济抗逆力的提升提供政策制订方案,辅助政策制订者进行科学合理的决策。

2. 灾害对经济系统的影响

面对即将或已经发生的重大损失时,经济系统该如何从震荡中恢复平衡,决策者该如何保障和推进经济的稳定发展? 灾害发生后,经济系统将承受冲击,经历直接和间接损失。经济系统的稳定发展直接关系社会发展,为了减小灾害可能造成的经济损失,加强地区灾害情境下的经济抗逆力是基础。

从长期经济增长的角度来看,自然灾害对经济系统的影响包括以下路径:

① 破坏社会资本存量、人力成本、基础设施等,导致生产率降低。

② 由于灾害应急工作而增加的支出导致不寻常的财政赤字以及通货膨胀问题。

③ 引发的财政支出再分配导致计划内投资经费紧缺。

④ 尽管社会慈善组织会为恢复重建提供资金,但援助并非完全无条件。捐赠者倾向于将资金首先用于现有的国家项目和预算,其结果是挪用了发展援助资金作为灾害援助资金。

⑤ 频繁发生的自然灾害使得市场不确定性增强,抑制了投资积极性。

综合各种因素的相互作用,以 GDP 受灾害影响的情况为例,灾害对经济的长期影响会出现如图 5-1 所示四种可能路径。

图 5-1 显示了灾害对 GDP 增长影响的四种可能情形。在图(a)和(b)中,灾害在短期内对经济发展造成负面影响,使得 GDP 在一段时间内无法维持原本正常状态下的均衡水平,但 GDP 经过波动后逐渐恢复到原来的长期均衡状态,没有影响经济未来发展的长期路径。在图(c)中,经济虽然在长期内重新达到了一个均衡,但低于灾前原本应有的 GDP 发展路径,造成了长期的经济损失。图(d)表示恢复重建时应用的新资本可能导致技术进步,加速了长期的经济增长。

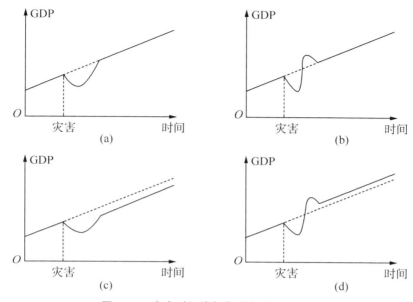

图 5-1　灾害对经济长期增长的可能路径

灾害情境下经济系统受到的直接经济损失是显而易见的,但在灾后恢复重建过程中,政府及社会各界会增加劳动力投入、筹集和启用应急资金等,这些资源会在一定程度上提高地方经济增长速度,从而抵消灾害带来的一部分负面影响。而经济的快速增长,有时会以牺牲环境为代价,在一定程度上增加了出现自然灾害的可能性,提升了经济系统对于灾害情境的暴露程度。因此灾害情境与经济系统的关系十分复杂,不能以简单的"此消彼长"一概而论,应该从多角度看待两者的动态关系。

灾害对不同经济体造成的负面影响也存在差异,这与地区的经济发展环境、产业分布及人员流动性等多种因素有关。因此,为了探究灾害对经济系统的具体影响,还应根据地区的特征及现状进行有针对性的分析。

二、经济抗逆力概念界定

经济抗逆力指经济系统的抗逆力,本节将界定经济抗逆力的概念,将灾害情境与经济抗逆力相结合,识别和选取其影响因素及相关指标。

1. 我国经济系统的特点

我国自改革开放以来经济高速发展,目前已是世界第二大经济体,对世界经济增长贡献率居世界第一位,逐步融入国际经济社会。国内城乡居民的收入水平逐步提升,部分地区的消费结构接近小康水平,社会保障体系基本建立,社会治理能力不断增强,近5年的城镇化率年均升高1.2%。高速发展的同时,现阶段的中国经济还具有以下特点。

(1)地域经济发展不平衡。

我国中西部地区的经济水平显著低于东南沿海地区。城乡经济和消费水平也存在较大差异,由于耕地减少、人才流失等问题,农村经济发展普遍落后于城市。缩小地区经济差异,加快提升农村经济,是我国经济建设的一项重要目标。

(2)市场化程度不够。

社会主义市场经济的发展模式使市场化经济发展进程中存在政府干预过多及价格调节机制失灵等问题,这在一定程度上扰乱了正常的经济秩序。此外,随着金融市场快速发展,信用扩张过度也是导致经济稳定性不足的原因之一。

(3)财政支出增大。

在经济新常态下,我国为了维持经济平稳增长,克制资产价格泡沫的平衡,需要实行宽松的财政政策,在维持消费平稳增长的情况下,加大公共事业建设的投资力度。这虽然能够改善我国经济短板,但对于财政将会造成较大的压力。

(4)经济系统由相互影响的多个要素组成。

GDP、财政支出、进出口情况、市场化程度、经济法治化程度等因素共同构成经济系统,这些因素互相联系,一个因素的变化会导致相关因素的变化,甚至引起经济体系波动。因此需要重视各因素之间的相互关联。

我国经济系统存在一定的脆弱性,在面对自然灾害时,受灾地区经济面临失衡的风险。例如,2008年我国由于举办奥运会等原因,GDP同比增长18.7%,但"5·12"汶川地震造成了直接经济损失8 452.1亿元,占当年GDP的2.63%。为了使我国经济系统应对自然灾害时表现出更强的适应性,尽可能减小灾害带来的负面影响,灾害情境下经济抗逆力的研究势在必行。

2. 经济抗逆力的定义及影响因素

本研究认为经济抗逆力是指经济系统自身具有吸收冲击、应对冲击,并从冲击带来的不良影响中恢复的能力,这种能力是系统的一种属性,且与政策引导密切相关。

遭遇经济冲击的地区可能会出现四种不同的反应:① 一些地区的经济系统可能已经在相对较短的时间内回到或超过以前的增长路径,经济平衡状态出现抗逆性重构,这些地区可被视作具有强经济抗逆力;② 一些地区的经济系统没有受到较大影响,并慢慢恢复到原来的经济增长路径,平衡状态出现再次平衡性重构,这类地区具有较强经济抗逆力;③ 一些地区的经济系统遭受了较大影响,恢复缓慢,经过很长一段时间后才向原来的状态靠近,经济平衡状态出现丧失性重构,这些地区具有较弱经济抗逆力;④ 一些地区的经济系统遭受了巨大影响,可能无法恢复以前的经济增长路径,必须进行重构,平衡状态表现出功能失调性重构,这些地区具有弱经济抗逆力或不具有经济抗逆力。区域经济水平在经历灾害后都有可能经历高于全国平均水平的增长,在平均水平或接近平均水平的增长,低于平均水平的增长甚至停滞。

根据定义可知,经济抗逆力涵盖了应对冲击的方方面面,由复杂的经济系统内众多因素及因素间的相互作用构成,难以通过经济增长率这样的单一指标来衡量,因此需要建立综合的指标体系进行评价。总体而言,经济体面向冲击的吸收能力、适应能力及恢复能力构成了经济抗逆力。这三种能力可以通过五个影响因素来描述,即宏观经济稳定程度、微观经济效率、政府治理能力、社会发展水平和信息化程度。这些因素的定义以及选取原因如下。

(1) 宏观经济稳定程度。

宏观经济稳定程度描述了经济总需求与总供给及它们之间的相互作用关系。如果一个地区的总支出与总供给平衡,那么该地区会呈现出经济内部均衡和外部均衡的状态,如财政赤字率适当,就业率高,通胀率适当及地方经济稳步增长等。因此,这些可以被看作受经济政策高度影响的变量,可以作为地区经济面对不利冲击时的抗逆力指标。经济体的稳定还取决于其受到灾害冲击的程度,因此在经济稳定程度的评判指标中需要考虑自然灾害为其带来的损失,经济本身越健康,自然灾害能够导致的损失越低。相应的,一次灾害所造成的经济损失可以反映一部分当地经济抗逆力的情况。

(2) 微观经济效率。

除了宏观经济的稳定性,微观经济效率对灾害情境下的经济抗逆力同样重要。可以用地区的市场化程度来表示微观效率,主要反映市场价格机制的有效程度。通过价格机制稳定市场,实现供需平衡,是市场化的主要作用。市场化程度越高,越能够实现资源和要素配置优化,有助于社会效率的提高,增加社会资源的利用率。如果市场能在外部冲击后迅速调整以达到均衡,那么市场受到冲击产生负面影响的风险将大大下降。有时市场机制的调节效率很慢,社会资源无法及时得到有效分配,就会导致资源配置成本加大,失业率增加,货物浪费或短缺等后果。因此,加强经济抗逆力需要考察市场效率的影响。

(3) 政府治理能力。

善政对于经济体系正常运作至关重要,良好的治理能力可以增强地区经济抗逆力,治理内容包括法治和财产权等。如果政府缺乏治理能力,不利冲击更易导致区域经济和社会的混乱和动荡,使得经济系统越发脆弱。良好的中介组织发育程度以及完备的法律制度,能够反映政府治理能力的完善,经济要素规划的合理。政府治理能力越强,越有利于引导灾害应急管理的发展,结合法制体系保证经济体系正常运转的能力也随之提高,从而减小灾害对经济体系的危害。

(4) 社会发展水平。

社会发展是经济抗逆力的另一个重要组成部分。社会资本的充分发展可以使经济体在受到冲击影响的情况下维持有效运作。传统的应急管理注重物质性因素,如备用资金、急救物资储备等,忽视了对于抗风险能力贡献很大的非物质性因素。社会发展包含制度、文化等因素,这些因素会对突发事件中的"政府失灵"现象进行弥补,从而保证经济体系的运转。随着社会机制的发展和完善,增加民众的风险意识和自救互救能力可以表现在地区经济抗逆力中。

(5) 信息化程度。

经济系统在受到冲击前、冲击中和冲击后都需要传播信息,以完成风险预警、风险控制和应急救援等过程。在经济抗逆力的影响因素中,一个地区的信息化程度处于不可或缺的地位。在冲击到来时,风险信息的传播载体及渠道将变得更加重要,信息的错误或延时传递会对经济体造成更大的伤害。一方面,信息化发展能使区域内的民众更快速、更准确地提升社会学习能力,有助于增强民众的灾害自救能力;另一方面,无线电、互联网、通信等信息化技术是提高应急管理效率、加强应急管理能力的重要工具。所以,经济抗逆力的建设需要重视信息化发展程度。

三、灾害情境下经济抗逆力的评价体系

在经济抗逆力的理论基础上加入灾害情境的影响,建立灾害情境下经济抗逆力的指标体系,以我国大陆地区 31 个省(市、自治区)的相关数据为例,结合熵权法,提出数据的标准化处理及指标权重处理方法,明确灾害情境下经济抗逆力指数的计算方法,建立灾害情境下经济抗逆力的综合评价体系。

1. 指标体系

我国疆域广阔,不同地区的自然与人文环境各不相同,导致受灾情况也不尽相同,多表现为灾种、灾损程度的差异。因此受灾情况的差异应该体现在对经济抗逆力的评价当中,注重地区差异性,有针对性地为各地政策制定者服务。为了

量化分析灾害情境下的经济抗逆力,本研究以影响经济抗逆力的五个因素为基础,加入自然灾害对经济系统的直接作用——受灾经济损失率指标,建立可用于不同灾害情境的经济抗逆力指标体系。具体指标如下。

(1) 宏观经济稳定程度。

经济抗逆力的宏观经济稳定因素可由四个指标来描述:财政赤字与 GDP 的比值、失业率与通胀率之和、经济损失率,以及经济增长率。这些变量适用于不同发展阶段、发展规模和地理特征的地区。

① 财政赤字与 GDP 的比值。政府预算状况应当纳入经济抗逆力指标中,因为它是财政政策的结果,而财政政策是政府可用的主要工具之一,与经济体抵抗冲击的抗逆性质有关。财政状况健康的经济体在面对不利冲击时能够及时调整税收和支出政策,从而以较快的速度从冲击带来的影响中恢复或超过之前的平衡状态。由于每个地区经济状况有所差异,为了了解和比较真实的财政赤字情况,用财政赤字与 GDP 的比值作为一项描述宏观经济的指标。

② 失业率与通胀率之和。失业率和通胀率也是描述经济抗逆力的指标,可以描述除财政赤字之外的宏观经济状况。货币政策及其他经济政策会造成通胀率和失业率的变化,如果一个地区已经有很高的失业率或异常的通胀率,就意味着经济系统处于脆弱的状态,那么不利的冲击很可能会使它出现巨大损失。从这个意义上说,失业率及通货膨胀程度与系统吸收冲击能力有关。而通胀率与失业率的和被称为经济不适指数,经济不适指数越小,说明经济体更有能力抵抗冲击带来的负面影响,因此将其作为宏观经济的描述性变量,进而评价地区的经济抗逆力。

③ 经济损失率。描述特定地区当年自然灾害对经济的危害程度,表示为因灾害造成的经济损失与当年该地国民总收入的比值。但是因灾害造成的经济损失中的间接经济损失部分难以衡量,不同学者根据不同研究的需要会选择不同的计算方法。为了简化问题,本研究仅考虑灾害造成的直接经济损失。

④ 经济增长率。宏观经济稳定程度还需引入经济增长率的影响。经济增长率用 GDP 年变化率的绝对值表示。GDP 代表一个地区经济运行的规模,它囊括了一段时期内地区的居民消费收支、企业投资和政府支出的情况。GDP 增速越快,表明地区经济发展越快。如果一个地区经济呈稳定增长的趋势,在面对冲击带来的不利影响时,将有更多经济资源来应对这些影响,例如及时调整经济结构、补充救灾资源等。因此宏观经济稳定性因素受到经济增长情况的影响。

(2) 微观经济效率。

微观经济效率有三个变量组成:金融市场化指数、劳动力流动性、产品市场的发育程度。

① 金融市场化指数。金融市场的效率由金融市场化指数来描述，该指数包含两个方面的信息：一是金融业竞争集中程度，通过非国有金融机构的吸收存款与全部金融机构吸收存款的比率来反映；二是信贷资金的分配情况，通过金融机构非国有企业的贷款的比例来反映。由于经济发展的目标是市场合理分配金融资源，我国几大国有控股的银行在金融市场中占有较高的份额，因此金融市场的集中度很高，不利于经济发展。

② 劳动力流动性指数。过高的失业救济金、过高的最低工资标准、过度延长非参与方工会合同等问题都属于政府在劳动力市场方面的过度干预，可能会削弱当地居民接受就业的动机，阻碍劳动力市场有效运作，限制一个地区从不利冲击中恢复的能力。如果一个地区由市场确定工资、决定解雇条件、避免过度失业的自由度越大，那么该地区的劳动力市场效率就更高。用流动性因素来概括劳动市场效率，这是因为流动性是劳动力商品化的结果，由劳动力追求价值最大化而产生，它通过市场机制优化劳动力，完成资源配置。因此，可以用劳动力流动性指数衡量地区面对外部不利冲击时劳动力市场恢复或超越原有平衡状态的效率。

③ 产品市场的发育指数。商品经济的运行需要产品市场的承载，且精细的社会分工能够提高商品经济的发达程度，扩大产品市场的范围和容量。因此，产品市场的发育状况在一定程度上代表了地区产品竞争和市场运作的情况。产品市场化程度越高，商品经济越发达，经济系统面对外来冲击受到不利影响的风险就越小。

（3）政府治理能力。

以中介组织的发育和法律制度环境指数来度量地区法治程度，进而评价地方政府治理水平。完善的市场由三个要素构成，包括生产企业、消费者和中介组织。其中中介组织向企业提供财务服务、法律顾问服务或技术服务。中介组织的发育和法律制度环境指数包括三个内容：一是市场中介机构的发育，它是组成完整市场的重要角色，包括律师、会计师等市场中介机构服务条件和行业协会对企业的帮助水平；二是维护市场法制环境的力度，即市场对生产者提供的合法权益保护水平；三是知识产权保护，因为保护知识产权是维护市场秩序、保障技术进步和创新的重要条件，主要由专利申请批准情况来反映。中介组织的发育是经济体的内部作用，而法律制度则从外部进行约束和调控，这些都是体现区域治理能力的因素，因此将中介组织的发育和法律制度环境指数作为经济抗逆力影响指标。

（4）社会发展水平。

社会发展的整体水平包含诸多因素,本研究侧重于社会发展的教育和健康方面,选取教育指数和预期寿命两个变量来描述社会发展水平。在教育因素方面,教育指数能够反映地区的教育发展程度。教育水平的进步、受教育人数的增加都是地区教育发展程度良好的表现,有助于整个社会的良性发展。在健康因素方面,是通过出生时的预期寿命来表示的。预期寿命越高表示民众健康标准越高,而预期寿命与区域内的医疗设施、住房情况和事故倾向程度或受伤风险有关。预期寿命高象征着地区医疗设施、居住环境等因素有所改善,而民众生活的风险暴露程度有所下降,突发事件发生的可能性与危害程度降低,这些因素对于经济抗逆力的建设有正面影响。因此社会发展水平指标可以通过区域内人口的预期寿命来量化评价。

（5）信息化程度。

以信息化发展指数来描述灾害情境下经济抗逆力的信息化因素。在信息时代,信息化发展程度与经济增长密切相关,救灾防灾等信息的传播更离不开信息系统。已有文献表明,信息化发展指数与经济增长呈正相关关系。

综合以上所选择的指标,得出灾害情境下经济抗逆力的评价指标体系如图5-2所示。

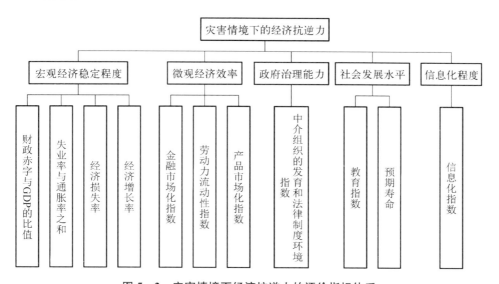

图5-2　灾害情境下经济抗逆力的评价指标体系

2. 指标的标准化

各个指标在评价单位、影响方向方面都有所差异，为了统一量纲，使数据准确反映各指标对灾害情境下经济抗逆力的影响程度，要对研究数据进行标准化处理。本研究以 12 个经济抗逆力的影响因子作为自变量，数据来源分别如表 5-1 所示。

表 5-1　灾害情境下经济抗逆力指标及其数据来源

影响因素	具体指标	数据来源
宏观经济 稳定程度	财政赤字与 GDP 的比值	国家统计局数据库
	失业率和通胀率之和	国家统计局数据库
	经济损失率	国家统计局数据库
	经济增长率	国家统计局数据库
微观经济效率	金融市场化指数	《中国分省份市场化指数报告》
	劳动力流动性指数	Wind 数据库
	产品市场化指数	Wind 数据库
政府治理能力	中介组织的发育和法律制度环境指数	《中国分省份市场化指数报告》
社会发展水平	教育指数	Wind 数据库
	预期寿命	国家统计局
信息化程度	信息化发展指数	Wind 数据库

本研究用极值法进行标准化处理，实现指标值的同质化。极值法对正向和负向两类指标的标准化转换式如下。

正相关指标评分的转换：

$$x_{ij}^* = \frac{x_{ij} - m_j}{M_j - m_j}$$

负相关指标评分的转换：

$$x_{ij}^* = \frac{M_j - x_{ij}}{M_j - m_j}$$

其中，x_{ij}^* 代表各指标经过处理化处理后的数值，x_{ij} 代表第 i 个案例中第 j 个指标的原值，$M_j = \max\limits_{i}\{x_{ij}\}$，$m_j = \min\limits_{i}\{x_{ij}\}$，$i$ 是 1—n 之间的正整数，n 是案例总数，$j = 1,2,3,\cdots,m$，其中 m 是指标的个数。

3. 熵权法确定指标权重

在进行经济抗逆力的定量评价中,还需确定各指标的权重大小。为了减少主观赋权带来的误差,利用熵权法确定各指标的权重。

熵权法按照三个步骤对指标进行赋权,具体步骤如下:假设有 n 个评价对象,m 个评价指标,构成初始指标数据矩阵 $X = \{x_{ij}\}_{n*m}$,x_{ij} 是第 j 个指标下第 i 个评价对象的评价值。

(1) 计算第 j 个指标下第 i 个年份的指标值所占比重:$p_{ij} = x_{ij} \Big/ \sum_{i=1}^{n} x_{ij}$;

(2) 计算出第 j 个指标的信息熵:$e_j = -(1/\ln n) \sum_{i=1}^{n} p_{ij} * \ln p_{ij}$;

(3) 确定指标的权重:$w_j = (1 - e_j) \Big/ \sum_{j=1}^{m} (1 - e_j)$。

依据熵权法得到灾害情境下经济抗逆指标体系中各影响因素及指标的权重如表 5 - 2 所示。可以看出,对经济抗逆力的影响程度最大的指标是信息化程度,其次是政府治理能力。

表 5 - 2 各指标及其权重

综合指标	主要指标	权重	子变量	权重
经济抗逆力指数(EI)	宏观经济稳定程度(S_1)	$w_1 = 0.0148$	财政赤字与 GDP 的比值(S_{11})	0.1214
			失业率和通胀率之和(S_{12})	0.4080
			经济损失率(S_{13})	0.2380
			经济增长率(S_{14})	0.2325
	微观经济效率(S_2)	$w_2 = 0.0849$	金融市场化指数(S_{21})	0.2360
			劳动力流动性指数(S_{22})	0.5996
			产品市场化指数(S_{23})	0.1644
	政府治理能力(S_3)	$w_3 = 0.3414$	中介组织的发育和法律制度环境指数(S_{31})	1
	社会发展水平(S_4)	$w_4 = 0.0591$	教育指数(S_{41})	0.6104
			预期寿命(S_{42})	0.3896
	信息化程度(S_5)	$w_5 = 0.4998$	信息化发展指数(S_{51})	1

4. 灾害情境下经济抗逆力指数的计算

根据灾害情境下经济抗逆力的影响因素、相关指标及相应权重,计算经济抗逆力指数 EI 指数的大小,具体方法如下。

(1) 五个影响因素的计算公式:

$$S_i = \sum_{j=1}^{m} w_{ij} S_{ij}$$

其中,S_i 表示第 i 个影响因素的数值,w_{ij} 表示第 i 个影响因素的第 j 个指标的权重,S_{ij} 表示第 i 个影响因素的第 j 个指标的值,m 表示第 i 个影响因素包含的指标个数。

(2) 灾害情境下经济抗逆力的计算公式:

$$EI = \sum_{i=1}^{n} w_i S_i$$

其中,EI 表示灾害情境下经济抗逆力指数,w_i 表示第 i 个主影响因素的权重,n 表示评价对象的个数。EI 值越大,表示该地区在面对灾害时表现出的经济抗逆力越强。

5. 影响因素的相关性分析

根据灾害情境下的经济抗逆力指标体系,以2013—2014年我国大陆地区 31 个省(市、自治区)的数据为例,对宏观经济稳定程度、微观经济效率、政府治理能力、社会发展水平和信息化程度五个指标进行相关性分析。

表 5-3　主要影响因素相关性分析结果

宏观经济稳定程度	1.000				
微观经济效率	0.225**	1.000			
政府治理能力	0.313**	0.351**	1.000		
社会发展水平	0.190*	0.227**	0.338**	1.000	
信息化程度	0.264**	0.150	0.573**	0.214**	1.000

注:** 表示在0.01水平上显著相关;* 表示在0.05水平上显著相关

由表 5-3 所示,各影响因素的相关性都是正向的,而且因素之间的相关性较弱。两两因素之间相关性最高的是政府治理能力和信息化程度,以及政府治理能力和微观经济效率。但由于政府治理能力与宏观经济稳定程度、社会发展水平的相关性较低,因此保留政府治理能力因素。总体来看,该指标体系基本符合相关性要求。

四、灾害情境下经济抗逆力的作用机制

本研究以灾害情境下的静态经济抗逆力为研究对象,不考虑灾后的恢复重建引起的经济抗逆力动态变化过程。但在灾前、灾中、灾后都有经济抗逆力的作用,其运作机制可以分为作用起点、作用过程和作用结果,具体阐述如下。

经济抗逆力是由灾害对经济系统的冲击而产生的。

经济抗逆力的作用起点是灾害刚刚发生并且开始对经济系统带来不良影响,经济抗逆力开始作用,使经济体系的状态维持平衡和稳定。此时,经济系统受到灾害引起的破坏和损失,功能会出现一定程度的降低,进而影响体系内居民生活的经济环境,甚至带来颠覆性的改变。

在灾害持续打击的过程中,经济抗逆力持续运作,发挥着控制灾害影响扩散的作用,使经济体系不断向灾前的平衡状态进行恢复。经济抗逆力本身包括的吸收能力、应对能力及恢复能力决定了经济抗逆力的大小,主要表现为保持经济稳定运行,利用经济资源应对灾害影响,以及快速调用已有经济资源。具体来说,经济抗逆力在这一阶段保证经济系统发挥认知能力、抗灾能力等,充分调动应急救灾资源,以抵抗灾害对经济系统的不利影响。此时,经济系统动荡的程度由经济抗逆力的强弱来决定。

在灾害停止后,经济抗逆力会出现抗逆性重构、再次平衡性重构、丧失性重构和功能失调型重构四种状态,这四种状态分别对应灾后经济抗逆力超越灾前水平、恢复灾前水平、低于灾前水平以及无法恢复的结果。灾害停止后,经济体系遭受了灾害和次生灾害带来的损失,将由经济抗逆力进行重建和恢复。由于经济抗逆力水平的差异,导致经济在灾害结束后呈现出不同的运转水平,恢复能力也将进行适应和重构。随着经济的恢复和重建,经济抗逆力水平可能会超越灾前水平,也可能与过往水平相当,最理想的状态是经济系统在受灾后通过变革拥有了更高的抗逆力水平,从而能够有效抵御下一次灾害。

第二节　经济抗逆力的预测模型

结合灾害情境下经济抗逆力的评价体系,本节将基于贝叶斯网络和证据理论建立灾害情境下经济抗逆力的预测模型,并以 J 省的数据作为实例,验证预测模型的准确性。

一、预测模型的构建框架

本小节将为建立灾害情境下经济抗逆力的预测模型构建理论框架,阐述选择贝叶斯网络方法进行预测的理由及相关理论。

1. 预测模型建立的基本思路

在应急管理研究中,对灾害风险及承灾主体脆弱性进行预测的常用方法有层次分析法、模糊评价法、时间序列法、系统动力学、神经网络等传统模型。传统模型对于数据完整性的要求较高,但是经济抗逆力预测可获得的数据是有限的,并且具有不确定性,传统预测模型易造成预测误差,遗漏决策相关的重要信息,因此经济抗逆力的预测需要另辟蹊径。

贝叶斯网络具有学习和推理的能力,已经被广泛应用在疾病预测、故障诊断、风险预警等研究中。贝叶斯网络能够在数据不够完整的情况下对缺失数据进行概率推理,所以可以满足经济抗逆力预测的要求。其优势在于能结合定量信息和定性信息,统一了主观方法和客观方法的优点,既能剔除主观偏见的影响,也可以避免过分专注于数据而产生的误差。因此,借助贝叶斯网络方法建立灾害情境下经济抗逆力的预测模型,基本思路如图5-3所示。

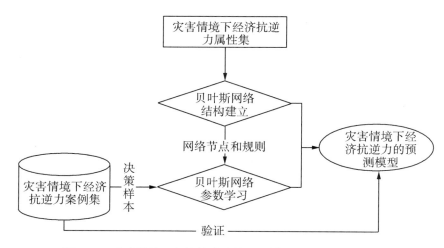

图 5-3 灾害情境下经济抗逆力的预测模型建立的基本思路图

灾害情境下经济抗逆力的预测模型构建的基本思路如下。

① 网络初始化。首先确定灾害情境下经济抗逆力的属性集,然后构建贝叶

斯网络,初始化网络节点和规则。

② 网络训练。获取灾害情境下的经济抗逆力案例集,将案例集分为训练集和测试集两个部分,将训练集的决策样本输入贝叶斯网络进行参数学习,从而构建准确性较高的预测模型。

③ 模型验证。将测试集数据输入学习后的贝叶斯网络模型,对比模型输出结果与案例实际结果,从而验证模型是否为仿真模型。经过验证、调整之后,获得最终的经济抗逆力预测模型。

2. 贝叶斯网络的介绍

贝叶斯网络是一种基于贝叶斯因果概率推理的概率网络模型。它的建立以初始网络结构和先验知识为基础,导入案例数据,通过学习改进初始模型,然后输出训练后的贝叶斯网络模型。它通过网络连接来表示节点间的因果关系,根据数据样本模拟网络中各节点的变化。本研究将结合经济抗逆力和灾害情境特性,提出基于贝叶斯网络的经济抗逆力预测模型。

贝叶斯网络是一种紧凑、直观的有向无环的网络结构,结构中的各个节点具有连续或离散的数据结构,节点间的因果关系由有向边来描述。网络形成后,每个节点会产生属于自己的条件概率表: $P[X_i \mid \text{parents}(X_i)]$,定量表示有关联关系的节点之间依赖关系的强弱。

随机变量是联合概率的可视化表达,可以通过贝叶斯网络实现,易于表达和理解;其对条件概率的紧凑型表示利于推理,分布情况如下式所示:

$$P(X_1, X_2, \cdots, X_n) = \prod_{i=1}^{n} P[X_i \mid \text{parents}(X_i)]$$

其中, $P(X_1, X_2, \cdots, X_n)$ 代表每个变量取一个特定情况下的联合概率。

贝叶斯网络具有学习功能,可分成网络结构的学习和参数的学习。本研究基于经济抗逆力的评价体系,根据节点间的逻辑关系来确定节点的拓扑结构,建立网络结构的全概率表。

贝叶斯网络通过计算概率实现推理功能。在网络模型的基础上,输入已知信息作为证据,通过节点的条件概率,就能输出网络中节点的变化情况,这些情况由概率表示。这个推理过程也能用公式表明。输入贝叶斯网络中某些节点的值,及证据 E,经过贝叶斯网络的推理,可知网络中未知节点 X 处于 a 状态的概率,即得到 $p(X = a \mid E)$ 的值,用公式表示为:

$$p(X = a \mid E) = \frac{p(E, X = a)}{p(E)}$$

二、基于贝叶斯网络的预测模型

基于灾害情境下经济抗逆力的评价体系,结合贝叶斯网络及证据理论,建立贝叶斯网络模型对于经济抗逆力指数(EI)进行预测,并通过我国 31 个省市的数据对模型进行训练和验证,建立灾害情境下经济抗逆力的预测模型。

1. 网络结构建立

在建立贝叶斯网络拓扑结构时,采用直接建立节点及变量间依赖关系的方法。由于经济受到自然灾害带来的持续影响,会出现四种可能的情形,经济抗逆力也将表现出四种不同状态,因此本研究将各节点的值平均分成四种状态,取值范围为[0,1]。下面根据确定的指标体系和各个指标、影响因素及 EI 间的因果关系,构建经济抗逆力网络拓扑结构图如图 5-4 所示。

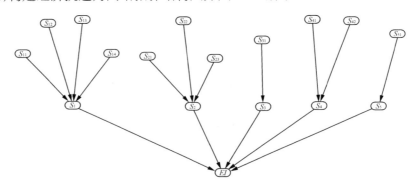

图 5-4 灾害情境下的经济抗逆力网络拓扑结构图

将搜集和计算出的各地区灾害情境下经济抗逆力的相关指标数据作为贝叶斯训练模型数据源。在 Netica 软件中创建 case 文件,选取我国大陆地区 31 个省(市、自治区)2013 年和 2014 年的数据作为训练集,使模型完成参数学习过程。首先根据灾害情境下经济抗逆力的指标体系,构建网络拓扑结构图(如图 5-4 所示)。每个节点取值均分为四个状态,数值类型为连续型。网络建立完成后,导入 case 文件,让模型进行学习。

首先要建立贝叶斯网络拓扑结构,对节点的属性进行定义,修改节点名称,每个节点设置四个状态,并选择数据类型为连续型,贝叶斯网络可视化在 Netica 中进行。本研究灾害情境下经济抗逆力的贝叶斯网络拓扑结构图如图 5-5 所示。

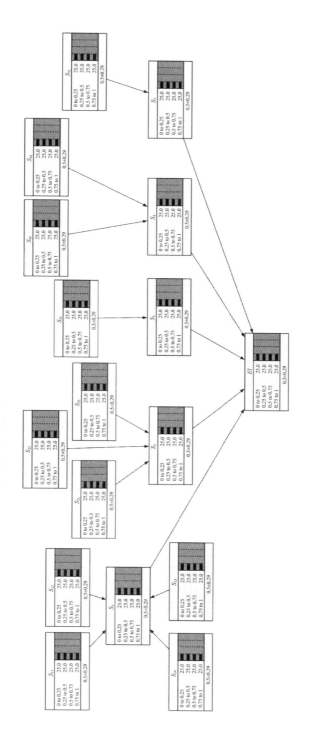

图 5 - 5　灾害情境下经济抗逆力的贝叶斯网络拓扑结构图

2. 模型的参数学习和性能分析

通过参数学习即可确定每个节点的条件概率(CPT),每个节点的 CPT 表示相关节点的联系。在贝叶斯网络结构中导入 case 文件,文件中每条数据信息代表一个证据,数据如果存在缺失值,模型将会自动用同一指标中的众数进行填补,然后对模型进行训练。训练后得到的模型需要经过检验,只有通过检验的模型才能作为预测模型。本研究选用交叉验证法中的留一验证进行预测模型的选取。

交叉验证法的主要思路是对数据进行分组,一部分作为训练集,用于训练模型;另一部分作为验证集,用于验证模型。经过训练的模型需要验证集的检验,性能较差的模型将被筛除,重复此步骤,最终筛选出最优的模型。交叉验证法中的留一验证,验证集由其中一个样本单独构成,而剩余 $N-1$ 个样本作为训练集。得到的 N 个模型都将受到检验,性能最优的将作为合格的模型。该方法适用于本研究数据量与模型精度需求的实际情况。由此,通过留一验证法对 62 个证据所得到的 62 个模型全部进行验证。

在模型验证中,将验证集的数据作为实际值,在训练模型中输入验证集证据,观察模型节点状态的变化,若取值状态与实际值相同,则视作通过检验;若与实际值有差异,则淘汰该训练模型。用该方法检验模型的可靠性,利于快速筛选出准确的预测模型。

采用 Netica 对网格参数进行学习,在 2013—2014 年我国大陆地区 31 个省(市、自治区)经济抗逆力指标数据的基础上,学习得到的贝叶斯网络如图 5-6 所示。

为验证训练模型的合理性,以2014年 J 省数据作为验证数据,代入训练模型中,部分数据如表 5-4 所示。由参数学习后的贝叶斯网络对验证组数据进行模拟,控制指标子变量状态与验证组一致,观察经济抗逆力的变化,发现 J 省2014年灾害情境下的经济抗逆力指数处于0.5—0.75区间的概率最大,符合实际数值,如图 5-7 所示。因此该贝叶斯网络结构模型可视为仿真模型。经过概率模拟,推理得到已知证据条件下的影响 EI 的各个节点的不同状态发生概率。当各个节点状态与验证集相符时,则说明该训练模型有效,可选为预测模型。

表 5-4 验证组部分数据

验证数据	宏观经济稳定程度	微观经济效率	政府治理能力	社会发展水平	信息化发展程度	经济抗逆力指数
J 省	0.68	0.69	0.91	0.83	0.31	0.59

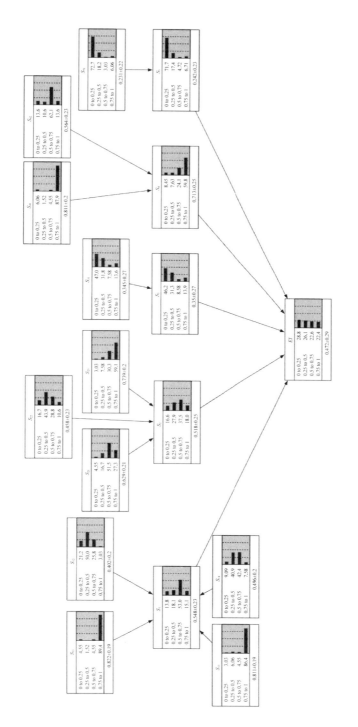

图 5 − 6 灾害情境下经济抗逆力的贝叶斯网络预测模型

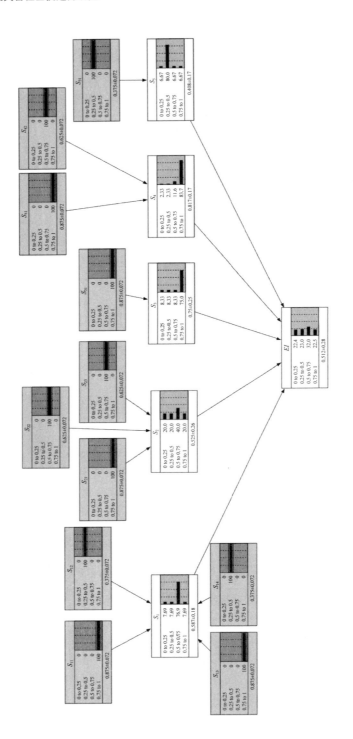

图 5 - 7　J 省灾害情境下抗逆力的预测结果

第三节　实证案例：以 Y 省为例

　　Y 省是我国自然灾害频发的省份之一，地貌复杂，气候变化大，自然环境种类多样，地震、洪涝、干旱、泥石流、低温冷冻等自然灾害不断。39.4 万平方千米的省域面积中，各类山地及半山地占 94% 左右，属于高原山区省份，境内有 7 条地震带，因此地震及地质灾害多发。另外，受西南季风影响，气候类型多样，气温变化特征显著，因此容易出现气象灾害。这些灾害及其次生灾害造成的经济损失占当年 Y 省经济的比例如图 5-8 所示。总体来看，一方面，自然灾害直接经济损失与当年灾害发生次数及危害程度情况有关；另一方面，经济损失所占比重与经济发展水平也有关，2010 年以来随着 Y 省经济的加速增长，自然灾害对 Y 省造成的直接经济损失占 GDP 的比重逐渐下降。

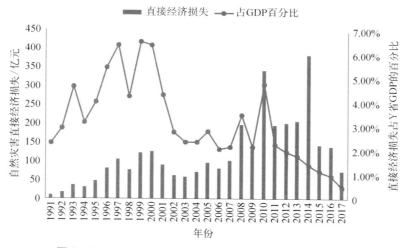

图 5-8　1999—2017 年 Y 省自然灾害经济损失基本情况

　　自然灾害发生情况与灾害情境下的经济抗逆力共同反映 Y 省经济体面对灾害的吸收、适应及恢复能力。以 Y 省 1999—2017 年的相关数据，对 Y 省灾害情境下经济抗逆力的情况进行评价，并用贝叶斯网络预测模型进行预测，将预测结果与实际值进行比对，对预测模型的准确程度进行验证。

　　通过贝叶斯网络预测模型对 Y 省在 19 年间的经济抗逆力进行评价，预测结果以 2017 年为例，如图 5-9 所示。对比发现预测结果与实际计算结果基

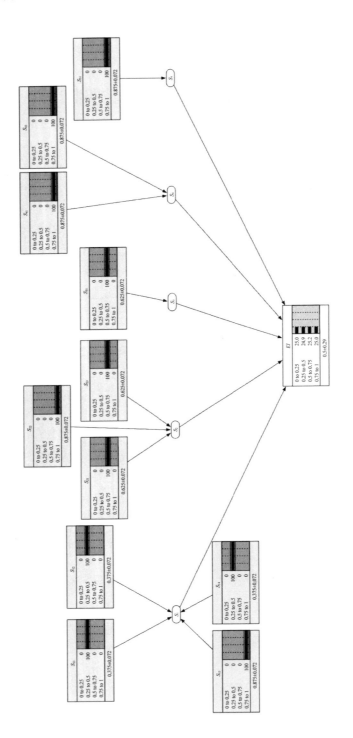

图 5 - 9 Y 省 2017 年灾害情境下经济抗逆力的预测结果

本相符,仅2002年、2003年的预测值略低于实际值。与未出现误差的年份相比,出现误差的年份存在一些共性,均表现出较低的政府治理能力,而该影响因素在五大影响因素中的权重较大,所以出现了预测值较低的现象。因此,为了更准确地评估及预测灾害情境下的经济抗逆力指数,除了借助预测模型,还需关注主要影响因素及指标的作用大小,这样才能有针对性地反映灾害情境下经济抗逆力的真实情况,为政策制定者和决策者提出可借鉴的建议。

　　以 Y 省为例的预测结果表明,本研究建立的贝叶斯网络预测模型适用于灾害情境下的经济抗逆力预测,模型预测结果基本准确。由预测结果来看,Y 省经济抗逆力指数的变化不仅与当年发生灾害的数量及损害程度有关,还需考虑经济抗逆力的关键影响因素。在政策建设及应急管理中,需要综合考虑现有政策和经济抗逆力关键指标的作用,才能达到弱化经济系统脆弱性的目的。

第六章　社区内部要素的抗逆力提升策略

社区抗逆力的提升策略是社区抗逆力研究的最终目的,而社区抗逆力由社区内部要素和社区外部要素构成,所以可以分别从内外两个方面的要素分析抗逆力的提升策略。本章将从社区内部要素入手,基于抗逆力评价指标、评价方法和实证分析,探究抗逆力的提升策略。

第一节　基于参考临界的抗逆力提升策略分析

第一章中指出,社区抗逆力的构成包含人口、经济、制度、物理四个因素。那么,应该如何定量地评价每一个因素或者每一种因素对于社区抗逆力的贡献程度?如何利用科学方法发现社区在某个因素的不足,从而制定社区抗逆力提升策略?

目前的抗逆力研究缺乏标准的设立,抗逆力的评价只在自身层面考虑权重,不仅权重的设立偏差较大,而且缺乏可比性。本节针对社区抗逆力的主要构成因素展开研究,旨在得出一个全面性高、针对性强、可推演、可借鉴的基本模型,主要确定社区抗逆力影响要素的基本组成,在细分的三级及以上指标不作硬性规定,保持其用在不同类型灾害上的灵活性。在评价方法上,提出了参考临界和指标贡献率两个概念,参考临界旨在得出抗逆力系数的同时,能直观判断出研究社区抗逆力水平的高低,并能在不同社区间进行比较;指标贡献率主要用于判断每个影响因素对社区综合抗逆力水平的贡献程度,以此作为提升抗逆力水平的建设依据。

一、指标分析

综合人口、经济、制度、物理四个因素,通过德尔菲法、文献分析和头脑风暴法,建立社区抗逆力的构成因素体系,如表 6-1 所示。

表6-1 基于参考临界的社区抗逆力构成因素

一级指标	二级指标	三级指标
人口因素	人口密度	社区人口密度、局部(一幢楼等)人口密度
	年龄结构	老人(>60岁)人口、孩童(<15岁)人口
	特殊人群	残疾比例、重病患比例、孕妇比例
	教育程度	受过一定教育(足以接受抗逆力教育和指导)人口比例
	健康保障	基本医疗保障覆盖率
	社会支持	社会支持率、社区信任度
经济因素	自有资源占比	自有房屋比例、奢侈品自有率
	工作状况	就业率、公务员等稳定工作占比、失业率
	收入状况	人均GDP、贫困线上人口比例
	收入结构	多元化收入的人口比例
制度因素	减灾计划	减灾计划覆盖率、减灾计划实施力度
	市政服务水平	政府在防灾抗灾方面的财政投入(医疗、物资储备等)
	专业教育水平	灾害知识的普及率、专业人员队伍建设
物理因素	避难所建设	有效避难所占比
	社区坚固程度	老旧房屋占比、抗逆力高的建筑材料(钢筋混凝土等)占比、建筑密度
	基础设施	供/排水设施、邮电/通信设施
	交通通畅度	迅速撤离速度、外界物资进入速度
	资源可及性	医疗可及性、消防等相关部门可及性、警力可及性

上述指标体系中提出的指标泛指所有自然灾害种类下的影响要素,为具体情形下的指标体系建立提供参考和规范。应用于具体灾害时,可通过指标的相应选择、剔除和权重赋予等方式得出更符合研究对象的具体指标体系。

二、参考临界的选择

1. 参考临界的意义

选择一个参考标准,能够使得抗逆力评价结果具有可比性。社区抗逆力的构成因素十分复杂,指标数量多、层次多;指标的影响程度各不相同;有些描述性指标难以量化,量化的数据无法看出其对抗逆力的影响;不同灾害、不同社区的指标差异较大,很难直接进行比较。

本研究提出参考临界比对法来设立一个衡量标准。为了保证标准的准确性，避免数据缺失对于标准设定造成的障碍，本研究采用主观估算法结合实证检验法来确定参考临界。虽然该方法存在一定的人为性，但是本研究认为这是一种有效方法，主要原因如下。

第一，采用防灾抗灾能力强的社区作为参考标准，能够保证标准的权威性。能够作为参考标准的社区，一定是经过大量灾害考验后由历史数据证明其防灾抗灾能力较强、可作为其余社区的学习对象的社区，所以以此类社区的数据作为抗逆力参考标准具有事实说服力。

第二，参考临界符合科学性和客观性要求，以大于等于某数值或小于等于某数值作为衡量方式，而不是一个规定的数值，降低了人为性。

第三，参考临界的适用范围较广，不因经济发展、人口水平等差异大而造成大的不适用性。就参考临界概念本身而言，是指一个社区中各影响要素具备较强抗逆力的基本水平，在此基础上得出的抗逆力系数能够有效反应抗逆力水平的高低。不同社区对于同样的灾害，采取相同的影响因素和衡量指标。

第四，社区抗逆力的研究本身就是定性和定量结合的综合型研究，目前在定量研究上的文献资料尚不丰富，只能随着研究的进行，通过大量数据的收集和模型的改进来不断降低其人为性，增加其数学精度。

2. 参考标准的选择

选择什么国家、什么地区的数据才具有参考意义呢？参考世界各地的相关防灾减灾和危机管理资料，我们选择了美国和日本作为参考国家，原因如下。

第一，美国和日本作为发达国家，在应急管理的理论研究和实践经验方面领先于全球。

在美国和日本等世界发达国家，政府把社区的防灾减灾管理工作作为国家危机管理中重要的组成部分，是国家安全的基础。美国作为第一经济大国，在公共危机与安全管理方面都是世界公认的楷模，建立了成熟的防灾减灾危机管理政策，包括资源保障、管理队伍建设、透明的信息知情、防灾减灾法律法规等。许多国家的危机管理理论和法规法则都参考自美国。日本是世界上自然灾害发生最频繁的国家之一，灾害频发、资源贫瘠。在实际需求的促使下，日本对防灾抗灾和灾后救助方面投入了大量的人力物力，对于风险研究、危机管理、灾害预测、灾害发生机制等理论研究处于世界前列，在实际防灾抗灾上也积累了丰富的危机管理经验，建立起了一套成熟有效的防灾抗灾体系。

第二，美国和日本都非常重视社区的防灾抗灾能力建设，注重塑造社区的自保自救功能。

美国政府强调了社区在公共防灾减灾中的基础作用,认为增加社区抗逆力就是指社区在应对突发灾害时能够依靠社区自身储备的资源进行自救,减轻灾害中的直接损失和间接损失,增强政府外部救援的灵活度。1984 年 7 月,原美国科学院院长弗兰克·普雷斯博士在第八届世界地震工程会议上将城市社区防灾减灾这一课题提上日程。1989 年,美国提出"安全社区"的概念,并努力落实相关政策。在九一一事件之后,美国更对社会公共安全等方面加强了危机管理,积极建设和推行"防灾型社区"。

日本政府非常重视社区在应急管理中发挥的重要自救作用,并提出了"阻灾社区"的概念,主要指社区本身具有防灾减灾和自救的功能,在应急管理中能够形成社区和政府间的有效合作。2005 年 1 月 8 日,日本兵库区在世界减灾大会上提出《2005—2015 年兵库行动纲领:加强国家和社区的抗灾能力》,把社区抗灾防灾提升到国家高度。要想拥有安全城市、安全国家,一切都应从社区做起。

综合以上,本研究选择借鉴美国和日本在应急管理与社区抗逆能力建设方面的理论和经验,以这两个国家的社区数据作为社区抗逆力的参考临界。

三、国内外相关量化分析方法

在量化方法方面,同样需要借鉴国外先进理论的研究成果。目前对社区抗逆力的量化研究尚处于起步阶段,而在社区风险、社区脆弱性研究中国内外学者已经研究出一些相对可行的量化方法,这里选取灾害研究领域的几个具有代表性的量化方法作为参考。

1. 灾害风险系数(Disaster Risk Index)

联合国开发计划署(UNDP)在 2004 年发布了灾害风险指数,主要以1980—2000 年世界各地的地震、泥石流、热带气旋和洪涝灾害等数据为依据,计算每个国家的平均死亡率,以此衡量自然灾害造成的死亡风险。该模型主要衡量致灾因子、研究区域以及脆弱性,公式为:

$$R = H \times Pop \times Vul$$

其中,R 代表风险,即死亡人数;H 代表致灾因子,主要指灾害的频度和破坏度;Pop 为暴露区的人口数;Vul 代表脆弱性。

该方法只在灾民层面衡量灾害风险,无法衡量其他受损情况,而且脆弱性的直接定量比较困难。

2. 灾害风险管理指标系统(System of Indicators for Disaster Risk Management)

灾害风险管理指标系统是哥伦比亚大学和美洲发展银行的研究成果,分为四个子指标:普遍脆弱性指数(Prevalent Vulnerability Index,PVI)、地方性灾害指数(Local Disaster Index, LDI)、风险管理指数(Risk Management Index, RMI)和赤字指数(Disaster Deficit Index,DDI),用于美洲国家的灾害风险管理系统定量分析。其公式为:

$$Index\alpha = \sum_{i=1}^{j} W_i K_i$$

其中,$Index\alpha$ 代表上述四个子指标中的一项,K_i 代表该项指数中的一个衡量指标,W_i 代表该指标的权重。

该方法虽然在指标的选取上比较全面,但是未探讨出一个衡量标准来判断风险的大小,而且权重选择上具有很大的人为性。

3. 多重风险评估方法(Multi-risk Assessment)

多重风险评估方法由欧盟提出,主要从自然和技术两个方面衡量一个社区的潜在风险。其中自然层面是指客观因素(如灾害发生的频率、强度等),技术致灾是指可人为改变因素(如物理暴露和抗灾能力等)。其公式为:

$$RM = w \times H + w \times V$$

其中,RM 为综合致灾因子,H 为致灾因子,V 为社区脆弱性,w 为权重。

该方法考虑到了灾害的不可抗拒性和主观抗逆的努力,但是在权重的选择上存在较大主观性,脆弱性很难量化,且脆弱性的强弱没有参考标准。

4. 社区灾害风险指数(Community-based Risk Index)

社区灾害风险指数的指标体系主要有致灾因子、物理暴露、社区脆弱性和对抗能力四类指标,用来衡量某个特定区域的地方性潜在风险。主要采取问卷调查法,通过收集大量的灾害数据来识别潜在风险,并做出应对措施。其公式为:

$$R = (w \times H + w \times E + w \times V) - w \times C$$

其中,R 代表综合风险指数;H 代表灾害损害;E 代表物理暴露;V 代表对抗能力;C 代表社区脆弱性;w 是权重,为 0.33。

该评价方法为在社区层面的抗灾研究提供了思路。但仅仅依靠问卷调查获得的数据来源存在较大的主观性,权重的赋予也存在较大的随意性。

综合上述评价灾害风险的评价方法,不难发现风险的来源主要有外部致灾因子和研究对象本身脆弱性两个方面。而计算的方法主要有相加和相乘两种。可以简单地表述为:

相加:R(灾害风险)$=H$(致灾因子强度)$+V$(研究对象脆弱性)

相乘:R(灾害风险)$=H$(致灾因子强度)$\times V$(研究对象脆弱性)

相加方法的主要思路是将致灾因子和本身脆弱性作为两个独立的因素考虑,其对灾害风险的影响程度是相当的或各占一定比重,可以分别得出影响系数后进行数学相加,使得这两个因素在综合评价模型中分别体现作用。

相乘方法的主要根据是研究对象脆弱性的强弱在不同类别的灾害中是不同的。通过选择不同类别的灾害,即致灾因子,确定其相应的承灾脆弱性,通过相乘的方式确定单个致灾因子的风险度,再把不同致灾因子的风险度赋予不同的权重相加就得到总的风险度。

上述两个方法皆可行,只是思路和理论依据不同。对于特定的一类或几类灾害种类,在有精确数据的情况下,可以采用相乘方法;对于灾害种类不明确,指标体系庞大,层次较多的宏观模型分析宜采用相加方法。

通过分析,不难发现上述几种评价指数共同的缺陷:① 都是从灾害的角度来评价灾害风险或潜在灾害风险,有较大的被动性;② 都提到了物理暴露和脆弱性等因素,但每个因素的级别不同,比如社区脆弱性本身就是一个复杂的概念,包含的衡量指标较多,与物理暴露并非同级别的衡量因素;③ 大部分的评价方法都要进行指标赋权,存在较大的人为性;④ 所有评价方法用到的指标赋值和最终得出的评价指数都没有一个可供参考的标准,即使得出较准确的评价系数,也难以确切地说明其风险的大小。

四、基于参考临界的构成因素量化分析

1. 综合评价方法

通过对上述评价方法的比较分析研究,考虑到本节研究的目标在于分析各类子指标体系的抗逆力系数,相加方法是一个比较合适的方法。原因如下。

第一,四类影响要素在四个独立层面上分析社区抗逆力水平,相关性较小。因此,在得出每类要素的抗逆力系数后,相加是较为理想的综合方法。

第二,指标体系较为复杂,层次多、涉面广,包括人文、地理、政治等各方面。上

文的比较分析中已经指出，在指标体系较复杂的情况下，采用相加方法更合适。

第三，四类影响要素中的每一类都能得出一个抗逆力系数，但是只有综合四类要素才能得出综合的抗逆力系数。而且，该指标体系是从社区本身出发研究广义的灾害抗逆力，并非单指某类特定灾害，故采用相加方法更合适。

因此，综合抗逆力系数采用简单明确的相加方法作综合处理，四类影响要素作为四个独立的因素，将其作为一级指标，通过算术平均来计算最后的社区抗逆力系数。这里要明确一点，直接采用算术平均，而未对各类要素赋予权重，主要原因有两点，其一，经济、制度、物理、人口四类因素本身就是全面且独立的因素，不能简单地确定其地位孰轻孰重；其二，该评价方法的主要目的是将每个具体指标与参考评价作比较，最终衡量抗逆力水平，并非考量每个指标间的不同影响程度。

社区抗逆力综合系数的数学公式表示为：

$$ARI = \sum_{i=1}^{4} CRI_i/4$$

或

$$ARI = \sum_{i=1}^{N} RFI_i/N$$

其中，ARI 表示综合社区抗逆力系数（Aggregate Resilience Index），CRI 表示单因素抗逆力系数（Component Resilience Index），RFI 表示每个指标的抗逆力系数（Resilience Factor Index），N 为所有指标的个数。上式是把四个因素的抗逆力系数分别算出来后再进行算术平均；下式是把所有的指标都加起来，再进行总的算术平均。这两种方法本质上是一致的，只是在数据处理上，后者更精确。

2. 单个因素的抗逆力系数

对于社区而言，一方面需要知道自身的综合抗逆力系数，可以与其他社区作对比，了解自身抗逆力在一定区域内的排序状况；另一方面，就自身而言，社区也应当了解每个影响因素能为抗逆力水平带来的影响程度，这对提高抗逆力水平的措施研究有重要的政策性意义。单因素的抗逆力系数公式为：

$$CRI = \sum_{i=1}^{n} RFI_i/n$$

其中，n 代表每个因素中的指标个数。

与综合评价方法一样，单因素抗逆力也采用算术平均，主要原因除了指标独立、权重难测外，还因为本研究是从广义上研究抗逆力水平，针对具体某类灾害的研究可以在本研究的基础上推演为具体模型,二级、三级指标可以根据具体灾害情境做出调整,故不同灾害下的指标权重是不同的,这里用算术平均来说明所选每个指标的重要性。

每个因素对整体抗逆力水平的贡献可表示为:

$$P = \frac{\sum_{i=1}^{n} RFI_i}{\sum_{i=1}^{N} RFI_i}$$

其中,P 代表每个因素抗逆力系数的占比。

3. 单个指标的抗逆力系数

每个指标的抗逆力系数是由指标变量与参考临界之间的比值所得,可以直观地看出每个指标变量对整体抗逆力水平所起到的是正或负的作用,并根据系数的大小判断该指标是否需要加强建设。单指标的抗逆力系数公式表示为:

$$RFI = \frac{AV}{RV}$$

其中 AV 表示指标的实际值(Actual Value),RV 表示指标的参考值(Reference Value),也就是参考临界。

若某一指标的 RV 为正向指标,例如社区的受教育程度、就业率、社会支持、灾害意识培养程度等,那么 RFI 值与该指标能贡献的抗逆力水平亦呈正相关;若 RV 为负向指标,例如老年人口比例、孩童人口比例、文盲人口比例、老旧住宅比例等,那么 RFI 值与该指标能贡献的抗逆力水平呈负相关。

为了便于计算,保证评价标准的同向性,所以采取如下公式计算 RFI 值。

$$RFI = \frac{RV}{AV}$$

以上两个公式的实质意义是一样的,都是依据把 AV 和 RV 作对比,得出单个指标的抗逆力系数,来判断单个指标对社区综合抗逆力水平的贡献度。进行倒数处理只是为了方便统计。

那么,RFI 值的变化如何反映综合抗逆力水平?评价标准如表 6 - 2 所示,当 RFI 趋近于 0 或者小于 1 时,表示该指标与抗逆力水平负相关;当 RFI 大于 1 时,表示该指标与抗逆力水平正相关;当 RFI 刚好为 1 时,表示该指标刚好在参考临界。

表 6－2　抗逆力水平评价标准表

RFI 值	评价标准	对抗逆力水平的贡献
$RFI\rightarrow0$	降低抗逆力水平	负向
$0<RFI<1$	降低抗逆力水平	负向
$RFI=1$	达到参考临界	无
$RFI>1$	增强抗逆力水平	正向

4. 难以量化的指标

社区抗逆力包含的要素复杂,很多描述型指标难以进行简单直观的量化,本研究主要采取两种方法来处理此类指标:

(1) 对概念性指标用定量性指标表示。

比如社区教育程度可以区分为完全未受教育、小学文化、中学文化、大学及以上文化等文化水平,各自的人口占比能有效地表示社区的教育水平。资源可及程度可以用离资源中心的距离,火警、医疗等的覆盖率来表示。

(2) 李克特量表法。

该方法属于评分加总式量表最常用的一种,属同一构念的项目用加总方式来计分,单独或个别项目是无意义的。该量表由一组陈述组成,每一陈述有“非常同意”“同意”“不一定”“不同意”“非常不同意”五种回答,分别记为 5、4、3、2、1分,每个被调查者的态度总分就是他对各道题的回答所得分数的加总。总分可以说明此被调查者的态度强弱或他在这一量表上的不同状态。社区支持、社区信任等这样的定性指标通常是对社会现象的描述,包括灾害发生后社区成员间互帮互助、灾后重建互助、个人劳动贡献、互助劳动贡献、无私奉献以及外部社会组织对受灾社区的各种支持等,难以直接定量分析。通过问卷调查居民对于社区相互帮助意愿、社区信任程度等的感知,把答案按感受程度的高低分为“非常高”“高”“一般”“低”“非常低”五个程度。最后对调查结果分类统计,加权得出社区的社会支持水平。

五、案例分析:以 G 市两个地区为例

选取四川省 G 市 A、B 两个在汶川地震中受灾较严重的地区用于参考临界方法的案例分析。A 区的总面积约 8.2 平方千米,人口达到 10.3 万人以上,全区城镇化率达到 31% 以上。B 区的总面积约 5.5 平方千米,常住人口约 7.5 万

人,绿地率 15％,人均住房面积已达 28 平方米,城镇化率为 16％。根据 G 市发展和改革局的统计数据显示,两个区的受灾情况都比较严重,从综合受灾情况来看,A 区的受灾程度略严重。

1. 参考临界标准制定

本案例主要是研究地震这种典型自然灾害下的社区抗逆力,指标的参考值选择主要以美国加州和日本的数据为参考依据,美国加州和日本的实际水平数据大多来自当地的统计年鉴和相关研究文献。据此设定的参考临界如表 6－3 所示。

表 6－3　参考临界标准

因素	指标	美国加州实际水平	日本实际水平	参考临界
人口	受过高中及高中以上教育人口占比	60％	77.7％	60％
	60 岁以上人口占比	14％	20％	15％
	15 岁以下人口占比	22％	13％	20％
	基本医保覆盖率	81％	88％	50％
	非残疾病患人口占比	81％	95％	75％
	灾害中社会支持占比	—	—	50％
经济	自有房屋占比	57％	61％	60％
	有工作、固定收入的人口占比	55％	62.6％	50％
	多元化收入家庭占比	—	—	50％
	贫困线以上收入人口占比	89％	92％	90％
制度	减灾计划覆盖率	—	—	50％
	市政服务水平	12％	14％	15％
	灾害知识普及率	—	—	60％
物理	空置避难所房屋占比	26％	13％	20％
	抗震结构建筑占比	98％	58％	60％
	使用年限低于 30 年的房屋占比	—	—	40％
	离资源中心较近的房屋占比	—	—	40％

表 6－3 中大部分指标的参考临界都是按照美国和日本社区的实际水平数据为标准而规定的,但是有部分指标的实际数据难以获取,所以需要结合文献研究和应急管理实际经验,规定这类指标的参考临界。对于灾害中社会支持占比,奥德里奇(Aldrich)等(2010)认为,社会支持率达 50％以上的社区能较快地进行灾后重建,所以采用 50％作为社会支持占比的参考临界。对于多元化收入家庭占比,雅多嘉(Adger,2008)认为,如果 50％以上的社区成员有多元化收入,则有

利于社区灾后更快地恢复,所以选择50%作为参考临界。对于减灾计划覆盖率,减灾计划是指一系列防灾抗灾措施,包括确定灾害风险和脆弱性、制定理性的防灾抗灾措施等,事实证明减灾计划能在一定程度上降低灾害破坏性,所以减灾计划覆盖率越高的社区抗逆力水平越高,本研究按照应急管理经验,设定50%为减灾计划覆盖率的参考临界。对于灾害知识普及率,亚洲的自主安全项目(Safety Initiatives Project)表明通过地震相关知识的教育使得人们更好地理解降低风险的措施,从而提升社区抗逆力,所以本研究设定60%为灾害知识普及率的参考临界,即在地震案例中超过60%的社区成员接受过相关知识的指导、实景演习,这样的社区在灾中损失较小。对于使用年限低于30年的房屋占比,新建房屋通常具有较高的稳固性,研究设定40%为该指标的参考临界,即使用年限在30年以下房屋占比在40%以上的社区稳定性更高。对于离资源中心较近的房屋占比,以汶川地震为例,偏远地区由于信息闭塞、资源运输困难等原因会形成更严重的灾害损失;相反,离发达地区较近,资源的获取越容易,能加快救援行动的展开,降低灾害损害,所以本研究假定40%为该指标的临界参考,即社区中40%以上地区靠近资源中心对整个社区的救援更有利。

2. 量化分析

确定参考临界后,把A、B两个区的实际数据分别与参考临界作比较,得出每个指标的抗逆力系数(保留两位小数),如表6-4所示。

表6-4　抗逆力系数

因素	指标	A区		B区	
		实际值	抗逆力系数	实际值	抗逆力系数
人口	高中及高中以上学历人口占比	70%	1.17	68%	1.13
	60岁以上人口占比	5%	3.00	7%	2.14
	15岁以下人口占比	17%	1.18	22%	0.91
	基本医保覆盖率	48%	0.96	45%	0.90
	非残疾病患人口占比	86%	1.15	97%	1.29
	灾害中社会支持占比	28%	0.56	20%	0.40
人口因素抗逆力系数		1.34		1.13	
经济	自有房屋占比	43%	0.72	58%	0.97
	有工作、固定收入的人口占比	62%	1.24	54%	1.08
	多元化收入家庭占比	16%	0.32	34%	0.68
	贫困线以上收入人口占比	65%	0.72	75%	0.83

续表

因素	指标	A区		B区	
		实际值	抗逆力系数	实际值	抗逆力系数
	经济因素抗逆力系数	0.75		0.89	
制度	减灾计划覆盖率	56%	1.12	70%	1.40
	市政服务水平	8%	0.53	5%	0.33
	灾害知识普及率	35%	0.58	45%	0.75
	制度因素抗逆力系数	0.74		0.83	
物理	空置避难所房屋占比	17%	0.85	32%	1.60
	抗震结构建筑占比	19%	0.32	20%	0.33
	使用年限低于30年的房屋占比	25%	0.42	30%	0.50
	离资源中心较近的房屋占比	33%	0.83	56%	1.40
	物理因素抗逆力系数	0.61		0.96	
	综合抗逆力指数	0.92		0.98	

为了比较 A 和 B 两个地区的各个指标系数的高低，以及与参考临界之间的关系，将以上数据表示在图 6-1 中。

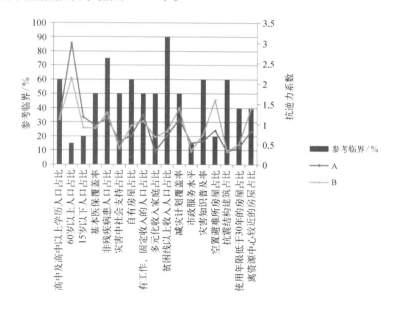

图 6-1　A、B 社区的抗逆力系数比较

3. 评价结论

根据量化分析结果,综合来看,A 区的抗逆力系数小于 B 区。A 区在人口因素方面的抗逆力系数高于 B 区,但是其他三个因素的抗逆力系数均低于 B 区。G 市发展和改革局的数据显示,两个社区的受灾情况整体较严重,但 A 区由于地震造成的破坏程度要高于 B 区,即 B 区的社区抗逆力水平略高,与评价结论基本一致,说明参考临界评价方法的有效性。

从指标的抗逆力系数来看,A、B 两区各指标的抗逆力系数有很多在 1.0 以下,尤其是制度因素和物理因素,甚至有些不足 0.5,抗逆力水平极低。由此可知 A、B 两区的抗逆力均偏低。

分析各指标,可以发现两个研究社区的系数结构类似,人口因素系数均大于 1,对抗逆力建设起到正影响。其中教育水平和人口年龄结构对抗逆力贡献较大,基本医疗保障尚低,社会支持也偏低,阻碍了抗逆力建设;经济因素系数偏低,这与区域经济建设有关,区域经济相对落后,收入结构缺陷较大,不能保障灾后的经济恢复;制度因素中,由于该区域是灾害频发区,减灾计划普及率较高,但是落实不到位,尤其是建设资金的缺乏使得减灾计划的执行力很低;物理因素中的各指标系数偏低,这也是导致地震灾害损失严重的最主要原因。

研究每个因素对综合抗逆力的贡献率,用公式 $P = \dfrac{\sum\limits_{i=1}^{n} RFI_i}{\sum\limits_{i=1}^{N} RFI_i}$ 得到的结果如

表 6-5 所示。

表 6-5　指标对综合抗逆力的贡献率

因素	贡献率($P/\%$)	
	A 区	B 区
人口	51.18	40.69
经济	19.14	21.39
制度	14.23	14.90
物理	15.44	23.02

在 A 区,人口结构对社区抗逆力的贡献过半;经济状况较弱,物理结构脆弱性高,所以应对地震灾害时损害严重;制度建设最为缺乏,对抗逆力的贡献率最

低,表明政府对防灾抗灾的重视度或执行力不够,没有从制度上保证社区抗逆力的建设。

在 B 区,四大因素对抗逆力水平的贡献顺序与 A 区略有不同。较 A 区来看,B 区的人口因素贡献率小于 A 区;经济因素和物理因素都比 A 区高,占了近50%的贡献,但各自的贡献率较小;而制度因素与 A 区一样,贡献率最小。

两个社区的抗逆力水平都在参考临界之下。限制抗逆力水平的制度因素与当地政治环境有关,作为发展水平中低的地区,政府资本不充裕,灾害管理财政投入较少。而 G 市又是灾害频发社区,所需资本和资源量较大,政府压力大,无法在制度上为抗逆建设提供保证。物理结构贡献率较小,与当地经济发展和历史因素有关,老旧房屋较多,建筑结构稳定度不高。经济因素与国家发展相关,发展中国家和地区的经济成熟度自然远低于发达国家和地区。人口方面,医疗保障不足、教育水平偏低、社会支持缺乏等障碍因素导致抗逆力水平的降低。

4. 政策建议

利用基于参考临界的社区抗逆力评价方法对四川省 G 市的两个具有代表性的典型区进行实证分析,决策者可以运用该方法分析社区抗逆力的各项基本构成要素对于抗逆力的贡献程度,从而发现社区现有人口、经济、制度、物理等方面存在的缺陷,从而有针对性地制订抗逆力提升计划。下文将针对上文分析的问题,结合社区抗逆力的科学理论及专家学者的经验成果,提出有效的对策与建议,为我国其他社区的地震抗逆力提供建设依据。

(1) 深入调查社区特征及需求。

社区具有多样性及复杂性,认知组成社区的每一要素对社区的危机管理至关重要,同样重要的是,理解在这些要素中互相影响、互相作用的关系、规范及政策等因素。

为了提供实际的解决方案,首先需要了解社区的基本需求和能力。一方面,各区域社区之间差异较大,突出表现在地理人口统计等方面,具有高度的多样性和复杂性。另一方面,社区内的群体也存在差异性,传统的应急管理策略可能不适用于社区中具体的某一个人,尤其对于社区中的残疾人或是其他功能性丧失的人,他们的特殊需求也需要被识别及满足。所以在进行社区地震抗逆力建设时,首先需要调查该社区的基本情况,包括社区所处片区地质条件及抗震相关的资产资源;其次要调查社区成员基本情况,了解社区人口群体特征及不同群体的个性化差异,从而制订合理的、具有针对性的地震抗逆力提升策略。

(2)提高社区地震抗逆力建设者的执行力。

在制度条件缺乏、政府市政服务压力大的情况下,可以充分发挥社区领导者对于社区居民自救的指挥作用,为政府分担压力。社区领导者处于社区分权结构的顶层,为社区运行提供指导方向和执行动力,社区领导之间建立积极的联系将有益于社区抗逆力建设。从社区内部来看,社区领导者能够为社区的沟通渠道提供强有力的支持,他们了解各自社区的独特需求,可以调度社区成员参与社区建设的积极性;组织有关地震知识的宣传教育活动,对社区成员进行培训,提高其防灾意识和抗灾能力。从社区外部来看,加强社区领导人的联系有助于建立社区间的合作信任,提高社区所在区域的应急管理整体水平。改善社区社会资本的一个关键就在于应急管理者之间的合作、应急管理者可以通过促进灾害防范教育、组建专业应急团队等方法加强各社区成员之间的联系。管理者应该从非传统利益相关者转变为传统利益相关者的领头人,并将其应急管理计划纳入危机防范工作。

此外,社区中也应当存在合理的公众领导,在紧急情况下可以不遵守优先顺序、组织支持、规划实施以及评估结果。在地震后,当外界支援无法迅速到达灾区或是通信中断导致无法接收上级指令的情况下,允许社区领导人有充分的指导权,以激发其更大的执行力。这与传统应急管理理念不同,应急管理者不是社区危机事件方面的专家,而是应急准备的支持者以及解决方案的探索者等实干家。

(3)加强社区基础设施与抗震网络。

现阶段我国防震减灾教育过于重视"救灾"和"应急",忽视了最关键的"防灾"和"抗震"工作。在基础设施方面,案例中 A 区和 B 区的建筑都比较老旧,且坚固度不高,具有抗震结构的建筑较少。减轻地震灾害的有效手段是提升基础设施等工程结构的抗震能力,为了提高社区地震抗逆力,对于已建成的老楼要进行加固维护,而对于新建的建筑要提高建设标准。此外,要建立足够的有效避难所。空置且坚固的避难所能在灾中帮助灾民迅速躲避灾害,更能在灾后避免后续灾害,等待救援。有效的避难所不仅要足够坚固,更应当有物资储备,这样才能保证灾民在等待救援时的生活。这就要求社区在建立避难所的时候还要考虑到物资的储备和分配,生活必需品、通信工具甚至娱乐设施等不但能帮助灾民等待救援,更能减轻灾后应激障碍的发病率。

为了提高距离资源中心较远地区的抗逆性能,改善其信息沟通能力是一项重要举措。应该综合利用自动监测、通信、计算机、遥感等高新技术手段,建立社区抗震管理网络平台,实现对震情的快速响应、震后损失的快速评估与动态跟踪、震后余震趋势判断的快速反馈。

(4)采取多种手段支持社会力量参与,通过制度和法律手段明确各组织分工。

制度因素的执行力缺失是案例中两个社区的抗逆力低下的重要原因之一,而多种社会力量的参与能够有效提高抗灾措施的执行力。突发事件发生后最初的几小时及几天内,个人及社区的反应行为是极为重要的。社会能力由个人组成,需要充分利用贸易协会、非政府组织、私营企业等各个组织。多种社区组织凝聚将会使得应急管理的能力显著提高,危机反应更及时,资源部署更有效,与私人盈利组织的合作更密切以及危机后的恢复更加全面。为了提供更好的灾后支持,可以建立地方联盟,将不同的社区组织集合起来,主要目标是在灾害中表现积极的志愿组织,包括相关协会、联合会及网络组织、儿童及青少年服务机构、老人服务机构、民权组织、社区行动计划组织、社区资源中心等。这些组织为社区提供了服务基础,同时为潜在的灾害做防范工作,并在灾害发生时迅速反应,从而减轻灾害带来的伤害。在非灾害时期,联盟关系仍然存在,可以通过会议、简报、网站资源等方式保持活跃的联系。

在与相关组织合作之前,社区需要评估每一个组织,根据其不同的工作匹配相应的角色。制度保障是明确组织及其人员分工的强有力手段,通过不断完善《防震减灾法》《气象法》《消防法》等相关法律,规定不同部门不同级别单位的管理责任和权限,并督促其落实到位。此外,鉴于灾害的复杂性,除了单一的法律,还有必要建设一部综合法,对相关问题进行规定。

(5)增加经济收入,拓宽资金渠道,设立社区应急基金会。

目前,抗震应急资金主要来源于政府财政投入,但是由于各地经济条件不同,保障的程度也不一样。为了解决该问题,从短期来看,需要通过多种渠道筹措经费,协调整合各类资源,设立社区专属的抗震基金会。一方面,通过抗震基金提高市政服务水平,可增强消防、医疗、保卫等各相关部门的响应度,为灾中救援和灾后救助提供切实帮助,从而提升综合抗逆力。另一方面,我国的社保体系比较薄弱,运行效率较低,在突发事件等紧急情况下,保障受灾人群的基本需求变得格外迫切。将教育、医疗、养老、扶贫等元素加入到社区抗震基金中,可以使受灾群众的生活尽快恢复正常。社区有了应急资金,当地震造成房屋受损或人员受伤时,可以节省先向上级申请资金的等待时间,采取先救急后审批方式,快速解决社区居民的燃眉之急。设立专门人员进行基金管理,同时加强对基金运作的监督,避免出现资金滥用或无用的情况。从长远来看,可增加经济收入,对扩展社区资本和政府资本都有重要作用,从而可优化社区的物理结构,增加政府市政水平的建设力度。

第二节 基于结构方程模型的抗逆力提升路径

经过第二章风险与社区抗逆力相互作用分析和社区抗逆力复合框架,本节将基于抗逆风险演化过程对社区抗逆力评价指标体系进行重新聚类,并且构建社区抗逆风险结构方程模型,得到完整的基于风险动态演化视角的社区抗逆风险定量模型,该模型不仅能够有效阐述社区抗逆力与风险的相互作用机制、分析社区抗逆力的构成、评估社区各个阶段的抗逆力水平,也能提供社区抗逆力的提升路径,为社区的抗逆力建设提供指导。

一、基于风险动态演化视角的抗逆力指标聚类重构

第二章提出的社区抗逆力复合框架将作为抗逆力指标体系构建的平台基础。此外,本节还参考了大量现有抗逆力研究文献的成果,形成更为综合的评价指标体系,共包含 79 个指标。

在上述指标选取的基础上,按照第二章所述的风险动态演化视角对 79 个指标进行聚类重构。依据各指标在社区对风险的抗逆过程中的作用,基于风险动态演化的视角将其重新分类,以期取得与社区对分享的抗逆过程及社区抗逆风险的结构方程模型相匹配的指标体系。

如表 6-6 所示,初步将 79 个指标重新分为四类:核心类指标、稳健类指标、快速类指标和冗余类指标。其中,核心类指标贯穿了整个风险管理生命周期,而稳健类、快速类、冗余类指标都属于阶段类指标,只在一定阶段中发挥作用。核心类指标同时影响抗逆力的稳健性、快速性和冗余性中的多个内在核心属性,在社区对风险抗逆过程的多个阶段中发挥作用,对社区抗逆力具有比较全面的影响;稳健类指标主要影响社区抵抗一定水平的压力刺激而没有功能退化和损失的能力,主要在社区对风险抗逆过程的 Ⅰ 阶段中发挥主要作用;快速类指标主要影响社区为了控制损失及时完成任务和目标的能力,主要在 Ⅱ 阶段中发挥主要作用;冗余类指标主要影响社区内资源和人员的富裕程度,主要在 Ⅲ 阶段中发挥主要作用。

表6-6　社区抗逆风险的初步评价指标

类别	指　　标
核心类	社区的规划能力和目标意识、社区对居民的服务能力、社区对待公民的公平程度、居民对社区的热爱程度和归属感、居民对社区的未来预期、居民为社区服务的热情、社区居民间的友好程度、社区的文化与价值观建设情况、社区管理者对社区的了解程度、社区成员的道德水平、社区成员的亲密程度、居民对社区工作人员的信任程度、社区成员的年龄结构、社区成员的性别结构、社区成员的教育水平、社区成员的收入水平、社区人口密度、社区失业率、社区的应急设施建设情况、社区设施的更新换代速率、社区经济来源情况、社区制度的执行情况、社区制度的约束力、社区的信息化建设水平、社区面临的风险水平、社区的应急培训水平、社区应急物资的储备情况、社区综合减灾工作组建设情况、社区综合减灾工作制度制订情况、社区综合灾害应急救助预案制订情况、社区防灾减灾志愿者队伍建设情况、居民对社区的资源的了解程度、社区提供的医疗健康服务水平、社区的政务信息公开水平、社区制度的更新速度、社区的应急专人配备情况、社区受外界的关注度、社区从外界获得资源的能力、社区领导者的明确程度、社区领导者的能力素质、社区交通的便利程度、居民参与社区公共事务的管理情况
稳健类	社区设施的坚固程度、社区制度的严谨程度、居民对社区制度规范的评价、社区对各种潜在风险的掌握程度、居民对多种灾害应急的技能的掌握程度、社区成员的疫苗接种比例、居民的风险自查意识、社区的风险自查水平、社区听取居民意见的频率、社区发展的扎实程度、社区对风险的宣传频率
快速类	社区监测警报设施建设、社区应急设施使用的便利程度、社区制度的灵活程度、社区应急响应的速度、居民的风险应急意识、居民对社区应急响应的配合程度、社区的灾害控制水平、社区的应急服务水平、社区的心理援助水平、社区应急通信能力、社区成员的自救水平、社区内的救援设备配备的齐全程度、外界对社区救助的及时性
冗余类	社区设施易于修复重建的程度、社区的备用资源储备情况、社区提供的灾后服务水平、居民购买人身财产保险比例、社区灾害处理经验、社区的重置成本、社区受媒体的关注程度、社区的备用资金储备情况、社区成员的备用资金储备情况、社区成员的救灾重建积极性、政府配给重建的人员、政府配给重建的资金、政府配给重建的政策

　　表6-6基于社区对风险的抗逆过程对影响社区抗逆力的评价指标做了梳理,形成了与社区风险抗逆过程相适应的社区抗逆风险初步评价指标。不过,这一指标体系过度追求全面,致使体系规模过大,指标相关性较强。因此还需要通过后续的数据分析对初步指标进行筛选。一方面,就理论研究角度而言,指标筛选有利于体现各个指标的区分度,评估不同指标的贡献程度,最终保留区分度较高、贡献度较高的指标,促进抗逆力研究的深入与发展,为社区抗逆力评估模型提供有力的理论支持;另一方面,就现实意义角度而言,精练的指标体系能够为

决策者的实际操作提供便捷,让社区决策者能够利用较为简单的数据来综合评估社区抗逆力水平、发现抗逆力发展瓶颈、制订抗逆力提升的政策。

二、量表设计与项目分析

1. 量表、样本与信效度检验

包括 Norris 在内的大量学者强调,社区居民作为社区的基本组成和社区利益的直接相关者,应充分参与到社区抗逆力的评估和提升中。心理学、社会学领域的抗逆力理论也认为,抗逆力本身就是居民社区生活中面对逆境的一种过程和作用,他们对社区抗逆力的主观感受可以作为衡量社区抗逆力的重要依据,而在灾害管理、应急管理的抗逆力领域,国际广泛使用的 CART 量表也是社区居民的主观评估量表。事实上,由于社区居民对社区组织和社区生活有着直观认识和切身体会,学界普遍将社区居民意见作为评估社区抗逆力的权威依据。

为了了解我国社区居民对社区抗逆力构成的理解情况,完善社区抗逆风险的指标体系建构,设计社区抗逆力调查量表。该量表包含试题 92 道,含被试基本信息、社区抗逆力及评价指标评估、内在一致性测伪、能力可靠性测伪等部分。所有试题均参照李克特等级评分法划分为 5 个等级:从 1 到 5 分别代表"非常不同意""较为不同意""无法确定""较为同意"和"非常同意",肯定程度随分值升高而加大。

为力求样本具有较强的代表性和普遍性,样本的采集工作在北京、江苏、江西、湖北、云南、贵州等东部、中部、西部多个省(市)的多个城市以简单随机抽样的形式开展,并以"问卷星"互联网平台的形式做了补充。本次采样共发出问卷 1 082 张,收回问卷 1 058 张,回收率 97.78%。其中,有效问卷 750 张,无效问卷 308 张,有效率 70.89%。有效问卷中:男性 376 人,占 50.13%,女性 374 人,占 49.87%;中学及以下学历 62 人,占 8.27%,专科学历 143 人,占 19.07%,本科学历 313 人,占 41.73%,研究生学历 232 人,占 30.93%;选定社区范围为小区 374 人,占 49.87%,选定社区范围为街道 141 人,占 18.80%,选定社区范围为城市 182 人,占 24.27%,选定其他范围 53 人,占 7.07%。无效问卷主要有以下三类:其一,答案极有规律,如出现连续 24 个同一选项或连续 12 组两两循环,视作问卷无效,共 277 张;其二,问卷内在一致性低,如出现高度关联题相差 3 分及以上,视作问卷无效,共 30 张;其三,被试能力可靠性低,如出现材料题作答明显失去逻辑,视作问卷无效,共 1 张。

　　为保证样本的信效度,本研究通过 SPSS 软件对有效问卷进行 Cronbach's Alpha 测试、KMO 和 Bartlett 的检验。结果显示,初步指标各因素变量及总体 Cronbach's Alpha 均大于 0.9,具有较高的可信度,初步指标信度检测结果见表 6-7。同时,初步指标各因素变量及总体 KMO 样本测试值均大于 0.9,Bartlett 显著性检验均低于 0.01,具有较高的有效度,初步指标效度检测结果见表6-8。总体上看,初步指标的信度、效度均较为理想,可以开展后续的研究。

表 6-7　初步指标的信度检测

因素	条目数	Cronbach's Alpha 测试
核心类	42	0.964
稳健类	11	0.913
快速类	13	0.949
冗余类	13	0.927
合计	79	0.983

表 6-8　初步指标的效度检测

因素	条目数	KMO 样本测试	Bartlett 显著性检验
核心类	42	0.968	0.000
稳健类	11	0.930	0.000
快速类	13	0.963	0.000
冗余类	13	0.945	0.000
合计	79	0.981	0.000

2. 基于项目分析的指标筛选

　　为进一步筛选社区抗逆力的评价指标,剔除区分度较低、对抗逆力贡献度较弱的指标,得到更为完善的社区抗逆风险评价指标体系,本节将通过 SPSS 软件,采用极端组检验法、相关性分析法和 Cronbach's Alpha 检验法进行项目分析。

　　(1) 极端组检验法。

　　依据李克特等级评分法所得总分按高低排序后,将得分较高的 27％定义为高分组,将得分较低的 27％定义为低分组,并就量表中各指标在高低分组间进行独立样本的 T 检验。检验结果显示,59 项指标 T 检验显著,应予以保留,20

项指标 T 检验不显著,应予以剔除,具体结果如表 6-9 所示。

表 6-9　极端组检验法结果列表

因素	序号	条目	F	Sig.	结论	拟操作
核心类	1	社区的规划能力和目标意识	21.517	0.000	显著	保留
	2	社区对居民的服务能力	48.151	0.000	显著	保留
	3	社区对待公民的公平程度	14.409	0.000	显著	保留
	4	居民对社区的热爱程度和归属感	25.517	0.000	显著	保留
	5	居民对社区的未来预期	12.372	0.000	显著	保留
	6	居民为社区服务的热情	58.035	0.000	显著	保留
	7	社区居民间的友好程度	18.701	0.000	显著	保留
	8	社区的文化与价值观建设情况	46.229	0.000	显著	保留
	9	社区管理者对社区的了解程度	27.759	0.000	显著	保留
	10	社区成员的道德水平	17.009	0.000	显著	保留
	11	社区成员的亲密程度	8.216	0.004	显著	保留
	12	居民对社区工作人员的信任程度	15.391	0.000	显著	保留
	13	社区成员的年龄结构	2.108	0.147	不显著	剔除
	14	社区成员的性别结构	1.471	0.226	不显著	剔除
	15	社区成员的教育水平	1.570	0.211	不显著	剔除
	16	社区成员的收入水平	0.160	0.690	不显著	剔除
	17	社区人口密度	0.584	0.445	不显著	剔除
	18	社区失业率	0.017	0.896	不显著	剔除
	19	社区的应急设施建设情况	47.160	0.000	显著	保留
	20	社区设施的更新换代速率	0.150	0.699	不显著	剔除
	21	社区经济来源情况	26.864	0.000	显著	保留
	22	社区制度的执行情况	58.814	0.000	显著	保留
	23	社区制度的约束力	36.947	0.000	显著	保留
	24	社区的信息化建设水平	12.095	0.001	显著	保留
	25	社区面临的风险水平	38.064	0.000	显著	保留
	26	社区的应急培训水平	4.467	0.035	显著	保留

因素	序号	条目	F	Sig.	结论	拟操作
核心类	27	社区应急物资的储备情况	0.365	0.546	不显著	剔除
	28	社区综合减灾工作组建设情况	16.349	0.000	显著	保留
	29	社区综合减灾工作制度制定情况	12.972	0.000	显著	保留
	30	社区综合灾害应急救助预案制定情况	9.895	0.002	显著	保留
	31	社区防灾减灾志愿者队伍建设情况	1.545	0.215	不显著	剔除
	32	居民对社区的资源的了解程度	2.679	0.102	不显著	剔除
	33	社区提供的医疗健康服务水平	45.572	0.000	显著	保留
	34	社区的政务信息公开水平	41.201	0.000	显著	保留
	35	社区制度的更新速度	12.121	0.001	显著	保留
	36	社区的应急专人配备情况	0.057	0.812	不显著	剔除
	37	社区受外界的关注度	1.177	0.279	不显著	剔除
	38	社区从外界获得资源的能力	1.845	0.175	不显著	剔除
	39	社区领导者的明确程度	69.563	0.000	显著	保留
	40	社区领导者的能力素质	19.956	0.000	显著	保留
	41	社区交通的便利程度	32.969	0.000	显著	保留
	42	居民参与社区公共事务的管理情况	1.470	0.226	不显著	剔除
稳健类	43	社区设施的坚固程度	90.568	0.000	显著	保留
	44	社区制度的严谨程度	17.753	0.000	显著	保留
	45	居民对社区制度规范的评价	49.813	0.000	显著	保留
	46	社区对各种潜在风险的掌握程度	0.417	0.519	不显著	剔除
	47	居民对多种灾害应急的技能的掌握程度	0.498	0.481	不显著	剔除
	48	社区成员的疫苗接种比例	4.973	0.026	显著	保留
	49	居民的风险自查意识	40.815	0.000	显著	保留
	50	社区的风险自查水平	22.203	0.000	显著	保留
	51	社区听取居民意见的频率	20.626	0.000	显著	保留
	52	社区发展的扎实程度	19.372	0.000	显著	保留
	53	社区对风险的宣传频率	22.650	0.000	显著	保留

因素	序号	条目	F	Sig.	结论	拟操作
快速类	54	社区监测警报设施建设	40.020	0.000	显著	保留
	55	社区应急设施使用的便利程度	41.719	0.000	显著	保留
	56	社区制度的灵活程度	17.800	0.000	显著	保留
	57	社区应急响应的速度	22.181	0.000	显著	保留
	58	居民的风险应急意识	48.093	0.000	显著	保留
	59	居民对社区应急响应的配合程度	54.963	0.000	显著	保留
	60	社区的灾害控制水平	44.003	0.000	显著	保留
	61	社区的应急服务水平	18.664	0.000	显著	保留
	62	社区的心理援助水平	6.170	0.013	显著	保留
	63	社区应急通信能力	38.807	0.000	显著	保留
	64	社区成员的自救水平	15.348	0.000	显著	保留
	65	社区内的救援设备配备的齐全程度	18.310	0.000	显著	保留
	66	外界对社区救助的及时性	45.251	0.000	显著	保留
冗余类	67	社区设施易于修复重建的程度	26.711	0.000	显著	保留
	68	社区的备用资源储备情况	4.119	0.043	显著	保留
	69	社区提供的灾后服务水平	5.735	0.017	显著	保留
	70	居民购买人身财产保险比例	25.231	0.000	显著	保留
	71	社区灾害处理经验	3.728	0.054	不显著	剔除
	72	社区的重置成本	0.114	0.736	不显著	剔除
	73	社区受媒体的关注程度	3.785	0.052	不显著	剔除
	74	社区的备用资金储备情况	0.514	0.474	不显著	剔除
	75	社区成员的备用资金储备情况	7.273	0.007	显著	保留
	76	社区成员的救灾重建积极性	34.360	0.000	显著	保留
	77	政府配给重建的人员	8.570	0.004	显著	保留
	78	政府配给重建的资金	5.370	0.021	显著	保留
	79	政府配给重建的政策	18.745	0.000	显著	保留

（2）相关性分析法。

依据李克特等级评分法对各指标所得评分与所得总分开展双变量相关性分析，用以剔除相关性较低、对抗逆力贡献不显著的指标。分析结果显示，表6-9中所有指标的显著性均为0，均与抗逆力总分高度相关，不应剔除任何指标。

（3）Cronbach's Alpha检验法。

对各项指标逐一删除以比较量表整体的Cronbach's Alpha值，用以剔除影响量表内部一致性的指标。检验结果显示，表 6 - 9 中所有指标均符合 Cronbach's Alpha 检验的要求，不应剔除任何指标。

综上所述，基于项目分析的结果，应剔除序号为 13、14、15、16、17、18、20、27、31、32、36、37、38、42、46、47、71、72、73、74 的 20 项指标，保留剩余 59 项指标。

三、社区抗逆风险的评价指标体系建构

上文为社区抗逆风险的评价指标体系建构提供了大量候选指标，并基于实证数据分析结果对候选指标做了筛选，由此得到了 59 项社区抗逆风险的评价指标。为便于后续的量化研究，本研究对 59 项指标进行了重新编号，按照顺序分别为 A_1 至 A_{59}。

为确保这一结果的科学性，再次通过 SPSS 软件对剔除 20 项指标后的评价指标体系进行信效度测试。结果显示，指标体系各因素变量及总体 Cronbach's Alpha 均在 0.9 左右，远大于 0.6，具有较高的可信度，指标体系信度检测结果见表 6 - 10。同时，指标体系各因素变量及总体 KMO 样本测试值均大于 0.9，Bartlett 显著性检验均低于 0.01，具有较高的有效度，指标体系效度检测结果见表 6 - 11。总体上看，指标体系的信度、效度均较为理想，由此本研究建构了社区抗逆风险的评价指标体系。

表 6 - 10　指标体系的信度检测

因素	条目数	Cronbach's Alpha 测试
核心类	28	0.952
稳健类	9	0.894
快速类	13	0.949
冗余类	9	0.912
合计	59	0.979

表 6 - 11　指标体系的效度检测

因素	条目数	KMO 样本测试	Bartlett 显著性检验
核心类	28	0.959	0.000
稳健类	9	0.907	0.000
快速类	13	0.963	0.000
冗余类	9	0.922	0.000
合计	59	0.979	0.000

社区抗逆风险的评价指标体系共含指标 59 项,其中,核心类指标 28 项、稳健类指标 9 项、快速类指标 13 项、冗余类指标 9 项,覆盖了社区对风险抗逆过程的各个阶段,能够较全面地评估风险动态演化视角下的社区抗逆力水平。

四、社区抗逆风险结构方程模型的构建

通过 AMOS 软件,依据上文的社区抗逆风险评价指标体系建立社区抗逆风险结构方程模型(SEM)的关系框架,并基于样本数据对关系框架进行数据分析和权重计算,最终得到完整的社区抗逆风险的结构方程模型。

从整体上看,社区抗逆力由核心、稳健、快速、冗余共四个因素构成;从各个因素上看,核心因素由 A_1 至 A_{28} 共 28 个指标构成,稳健因素由 B_1 至 B_9 共 9 个指标构成,快速因素由 C_1 至 C_{13} 共 13 个指标构成,冗余因素由 D_1 至 D_9 共 9 个指标构成。各因素间两两存在相关关系,同因素内各指标间或也存在相关关系,有待数据验证。社区抗逆风险 SEM 的关系框架图如图 6-2 所示,简要刻画了结构方程模型中数据的基本关系。

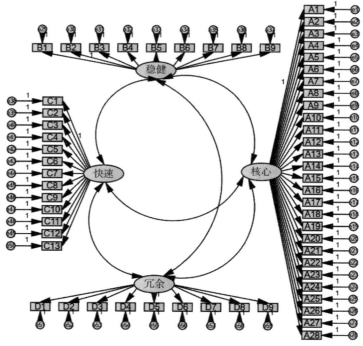

图 6-2 社区抗逆风险 SEM 的关系框架图

使用 AMOS 软件导入上文采集到的有效样本数据,并基于社区抗逆风险 SEM 的关系框架图进行参数估计,得到参数估计表 6-12。

表 6-12　社区抗逆风险 SEM 的参数估计表

假设	序号	Estimate	S. E.	C. R.	P	结论
核心↔稳健	H1	0.413	0.033	12.394	***	成立
核心↔快速	H2	0.483	0.037	13.206	***	成立
核心↔冗余	H3	0.4	0.033	12.215	***	成立
快速↔稳健	H4	0.422	0.031	13.455	***	成立
稳健↔冗余	H5	0.351	0.028	12.443	***	成立
快速↔冗余	H6	0.442	0.033	13.609	***	成立
A_1←核心	H7	1				成立
A_2←核心	H8	0.868	0.048	17.985	***	成立
A_3←核心	H9	0.786	0.056	14.116	***	成立
A_4←核心	H10	0.835	0.055	15.208	***	成立
A_5←核心	H11	0.851	0.047	18.102	***	成立
A_6←核心	H12	0.834	0.052	16.147	***	成立
A_7←核心	H13	0.672	0.05	13.538	***	成立
A_8←核心	H14	0.914	0.053	17.225	***	成立
A_9←核心	H15	0.841	0.052	16.155	***	成立
A_{10}←核心	H16	0.784	0.05	15.639	***	成立
A_{11}←核心	H17	0.608	0.049	12.346	***	成立
A_{12}←核心	H18	0.86	0.052	16.582	***	成立
A_{13}←核心	H19	0.993	0.06	16.64	***	成立
A_{14}←核心	H20	0.797	0.052	15.418	***	成立
A_{15}←核心	H21	0.961	0.053	18.196	***	成立
A_{16}←核心	H22	0.933	0.054	17.263	***	成立
A_{17}←核心	H23	1.007	0.057	17.757	***	成立
A_{18}←核心	H24	0.757	0.051	14.868	***	成立
A_{19}←核心	H25	0.931	0.055	16.871	***	成立
A_{20}←核心	H26	0.919	0.056	16.279	***	成立
A_{21}←核心	H27	0.933	0.055	16.909	***	成立
A_{22}←核心	H28	0.963	0.057	17.013	***	成立
A_{23}←核心	H29	0.898	0.057	15.65	***	成立
A_{24}←核心	H30	0.896	0.055	16.198	***	成立
A_{25}←核心	H31	0.94	0.053	17.657	***	成立
A_{26}←核心	H32	0.976	0.06	16.327	***	成立
A_{27}←核心	H33	1.036	0.055	18.688	***	成立
A_{28}←核心	H34	0.528	0.049	10.687	***	成立

假设	序号	Estimate	S. E.	C. R.	P	结论
B_1←稳健	H35	1				成立
B_2←稳健	H36	1.19	0.064	18.591	***	成立
B_3←稳健	H37	1.213	0.064	19.087	***	成立
B_4←稳健	H38	0.682	0.06	11.434	***	成立
B_5←稳健	H39	0.927	0.061	15.213	***	成立
B_6←稳健	H40	1.038	0.061	17.021	***	成立
B_7←稳健	H41	1.205	0.067	18.121	***	成立
B_8←稳健	H42	1.333	0.069	19.294	***	成立
B_9←稳健	H43	1.24	0.072	17.306	***	成立
C_1←快速	H44	0.999	0.036	28.078	***	成立
C_2←快速	H45	1				成立
C_3←快速	H46	0.874	0.04	21.697	***	成立
C_4←快速	H47	1.021	0.04	25.356	***	成立
C_5←快速	H48	0.971	0.043	22.69	***	成立
C_6←快速	H49	0.858	0.039	21.826	***	成立
C_7←快速	H50	0.98	0.039	24.885	***	成立
C_8←快速	H51	1.049	0.04	26.197	***	成立
C_9←快速	H52	1.049	0.044	23.827	***	成立
C_{10}←快速	H53	0.941	0.042	22.221	***	成立
C_{11}←快速	H54	0.891	0.04	22.105	***	成立
C_{12}←快速	H55	1.058	0.042	25.083	***	成立
C_{13}←快速	H56	0.911	0.041	22.226	***	成立
D1←冗余	H57	0.896	0.054	16.487	***	成立
D2←冗余	H58	1.198	0.06	19.939	***	成立
D3←冗余	H59	1.107	0.056	19.928	***	成立
D4←冗余	H60	0.826	0.056	14.791	***	成立
D5←冗余	H61	1				成立
D6←冗余	H62	1.095	0.056	19.637	***	成立
D7←冗余	H63	1.075	0.055	19.381	***	成立
D8←冗余	H64	1.01	0.055	18.315	***	成立
D9←冗余	H65	1.051	0.057	18.512	***	成立

注:"＊＊＊"表示在 0.001 水平上显著相关。

由上表可知,AMOS 拟合数据显示,社区抗逆风险 SEM 关系框架图中的关系假设 P 值均小于 0.001,非常显著,全部成立。模型整体拟合指标 CMIN/DF 为 2.442＜3、IFI 为 0.926＞0.9、CFI 为 0.925＞0.9、RMSEA 为 0.044＜0.05、AGFI 为 0.818＞0.8,适配良好。GFI 为 0.83,略小于 0.9,可以接受。整体上看模型拟合基本理想,社区抗逆风险的结构方程模型由此建构。结构方程模型下图 6-3。

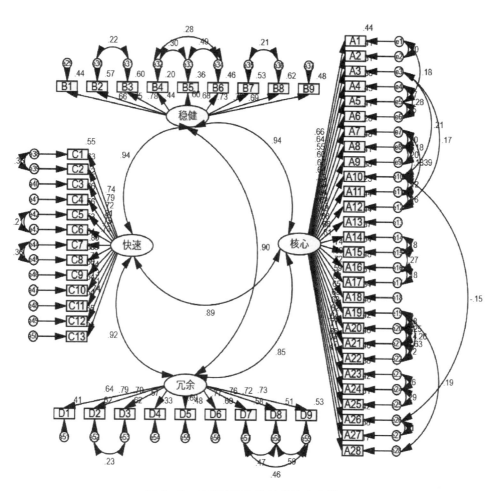

图 6 - 3　社区抗逆风险的结构方程模型

该模型不仅能够有效阐述社区抗逆力与风险的相互作用机制、分析社区抗逆力的构成、评估社区各个阶段的抗逆力水平,还能提供社区抗逆力的提升路径。

五、基于结构方程结果的抗逆力提升路径分析

通过 AMOS 软件输出数据可得核心类、稳健类、快速类、冗余类各指标的标准化权重,可以有效评估社区整体及在风险动态演化各个阶段的抗逆力水平。为使各指标权重更为直观,本研究对因素内指标的权重进行归一化处理,如表 6 - 13 至 6 - 17 所示。

基于社区风险抗逆过程和指标体系,社区抗逆力的提升应充分考虑两类指标:直接影响整体抗逆力水平的核心类指标和影响社区抗逆力核心属性进而影响社区抗逆力的阶段类指标。

核心类指标包括 A_1 至 A_{28},共 28 个指标。这些指标在风险动态演化的各个阶段都发挥重要作用,因而对社区抗逆力有着整体、全面的影响,值得大多数社区的重视。结构方程模型的结果显示:28 个指标中提升成本较低的指标有 21 个,指标权重总计 76.23%,超过核心抗逆力的四分之三;成本较低的指标中 11 个指标需要居民参与,指标权重总计 38.52%,超过提升成本较低指标的二分之一。由此可见,一方面,社区核心类抗逆力的提升成本较低,而且其构成以文化因素、制度因素为主,大多数社区具备改善条件,符合制定宏观政策在普适性和操作性方面的要求,可以在全社会范围内推广推升。另一方面,在提升社区核心类抗逆力水平的过程中尤其要重视社区居民,激发居民作为社区成员的主观能动性和居民作为社区组成的主体责任感,通过社区居民的参与有效提升社区的核心类抗逆力水平。

表 6 - 13　社区抗逆风险的核心类指标分析

序号	指标	归一化权重	排序	提升成本	居民参与
A_1	社区的规划能力和目标意识	3.69%	12	低	否
A_2	社区对居民的服务能力	3.59%	18	高	是
A_3	社区对待公民的公平程度	3.10%	25	低	是
A_4	居民对社区的热爱程度和归属感	3.36%	23	低	是
A_5	居民对社区的未来预期	3.67%	13	低	是

序号	指标	归一化权重	排序	提升成本	居民参与
A₆	居民为社区服务的热情	3.59%	18	低	是
A₇	社区居民间的友好程度	2.96%	26	低	是
A₈	社区的文化与价值观建设情况	3.87%	6	低	是
A₉	社区管理者对社区的了解程度	3.60%	17	低	否
A₁₀	社区成员的道德水平	3.47%	20	低	是
A₁₁	社区成员的亲密程度	2.68%	27	低	是
A₁₂	居民对社区工作人员的信任程度	3.70%	11	低	是
A₁₃	社区的应急设施建设情况	3.72%	10	高	否
A₁₄	社区经济来源情况	3.41%	22	高	否
A₁₅	社区制度的执行情况	4.12%	2	低	是
A₁₆	社区制度的约束力	3.88%	5	低	否
A₁₇	社区的信息化建设水平	4.01%	3	高	否
A₁₈	社区面临的风险水平	3.28%	24	高	否
A₁₉	社区的应急培训水平	3.78%	9	低	否
A₂₀	社区综合减灾工作组建设情况	3.63%	15	低	否
A₂₁	社区综合减灾工作制度制订情况	3.79%	8	低	否
A₂₂	社区综合灾害应急救助预案制订情况	3.82%	7	低	否
A₂₃	社区提供的医疗健康服务水平	3.47%	20	高	否
A₂₄	社区的政务信息公开水平	3.61%	16	低	否
A₂₅	社区制度的更新速度	3.98%	4	低	是
A₂₆	社区领导者的明确程度	3.64%	14	低	否
A₂₇	社区领导者的能力素质	4.25%	1	低	否
A₂₈	社区交通的便利程度	2.30%	28	高	否

　　阶段类指标即是上文中提到的稳健类指标、快速类指标、冗余类指标,共31个指标。这些指标在风险动态演化的特定阶段发挥重要作用,因而对社区抗逆风险过程的影响具有针对性。从数据上看,稳健类指标中提升成本较低的指标权重总计69.09%,其中居民参与的指标权重34.41%;快速类指标中提升成本较低的指标权重总计53.69%,其中居民参与的指标权重22.14%;冗余类指标

中提升成本较低的指标权重总计仅 24.14%,其中居民参与的指标权重仅 11.96%。稳健类、快速类、冗余类指标都属于阶段类指标。整体上看,阶段类指标提升成本较低的指标平均权重为 48.97%,其中居民参与的指标平均权重仅为 22.84%,远小于核心类抗逆力指标。由此可见,阶段类抗逆力的提升所需成本更高,各社区应充分考虑自身的定位和需求,有针对性地制定阶段类抗逆力提升计划。对于地位特殊、要求不能出现灾害的重要社区,要尤为关注社区的稳健性水平;对于突发灾害发生频繁、常常疏于应对的社区,要尤为关注社区的快速性水平;对于存在极端灾害风险因素的社区,要尤为关注社区的冗余性水平。此外,阶段类抗逆力的提升需要比核心类抗逆力更为专业的专业知识和应对举措,在计划制定和具体实施中应该更加重视专业人士的意见,不仅要依赖社区成员参与,还要充分借助外脑。

表 6 - 14 社区抗逆风险的稳健类指标分析

序号	指标	归一化权重	排序	提升成本	居民参与
B_1	社区设施的坚固程度	10.86%	7	高	否
B_2	社区制度的严谨程度	12.29%	3	低	否
B_3	居民对社区制度规范的评价	12.66%	2	低	是
B_4	社区成员的疫苗接种比例	7.22%	9	高	是
B_5	居民的风险自查意识	9.80%	8	低	是
B_6	社区的风险自查水平	11.09%	6	低	否
B_7	社区听取居民意见的频率	11.94%	4	低	是
B_8	社区发展的扎实程度	12.82%	1	高	否
B_9	社区对风险的宣传频率	11.31%	5	低	否

表 6 - 15 社区抗逆风险的快速类指标分析

序号	指标	归一化权重	排序	提升成本	居民参与
C_1	社区监测警报设施建设	7.44%	8	高	否
C_2	社区应急设施使用的便利程度	7.95%	5	高	否
C_3	社区制度的灵活程度	7.24%	13	低	否
C_4	社区应急响应的速度	8.16%	2	低	否
C_5	居民的风险应急意识	7.51%	7	低	是

续表

序号	指标	归一化权重	排序	提升成本	居民参与
C_6	居民对社区应急响应的配合程度	7.28%	12	低	是
C_7	社区的灾害控制水平	8.05%	4	高	否
C_8	社区的应急服务水平	8.36%	1	低	否
C_9	社区的心理援助水平	7.79%	6	低	否
C_{10}	社区应急通信能力	7.38%	9	高	否
C_{11}	社区成员的自救水平	7.35%	11	低	是
C_{12}	社区内的救援设备配备的齐全程度	8.10%	3	高	否
C_{13}	外界对社区救助的及时性	7.38%	9	高	否

表 6 - 16　社区抗逆风险的冗余类指标分析

序号	指标	归一化权重	排序	提升成本	居民参与
D1	社区设施易于修复重建的程度	9.93%	8	高	否
D2	社区的备用资源储备情况	12.19%	1	高	否
D3	社区提供的灾后服务水平	12.18%	2	低	否
D4	居民购买人身财产保险比例	8.86%	9	高	是
D5	社区成员的备用资金储备情况	10.70%	7	高	是
D6	社区成员的救灾重建积极性	11.96%	3	低	是
D7	政府配给重建的人员	11.80%	4	高	否
D8	政府配给重建的资金	11.12%	6	高	否
D9	政府配给重建的政策	11.25%	5	高	否

表 6 - 17　社区抗逆风险的各类指标对比

因素	指标总数	低提升成本指标权重	居民参与的低提升成本指标权重
核心类	28	76.23%	38.52%
阶段类	31	48.97%	22.84%
稳健类	9	69.09%	34.41%
快速类	13	53.69%	22.14%
冗余类	9	24.14%	11.96%

由于核心类抗逆力提升成本较低、居民参与度较高,阶段类抗逆力提升成本较高、居民参与度较低,本研究充分考虑了各因素抗逆力指标的异同,基于应急管理和组织管理的研究范式、风险动态演化的研究视角,分别给出社区管理层面和社会发展层面的社区抗逆力提升路径。

社区管理层面。社区抗逆力对社区发展的作用日益凸显,作为社区管理者,应高度重视社区抗逆力的提升与改进工作,其路径分为五步,如图6-4所示。第一步,参照抗逆力与风险的相互作用过程,结合社区重要程度、社区面临风险状况、社区资源可调配程度,对社区进行清晰定位,制定各因素抗逆力目标。第二步,依据社区抗逆风险结构方程模型结果对社区抗逆力水平进行自评,充分掌握社区的状况、了解社区的现状。第三步,充分调动居民参与,以提升成本较低的指标为突破点,逐项提升核心类抗逆力水平,力求做到全面提升和普遍提升。第四步,借助专家学者等外脑,对社区资源的配置与运用进行优化,有选择地提升社区阶段类抗逆力水平,力求以最少的资源实现最大程度提高社区阶段类抗逆力水平的目的。第五步,在完成上述步骤后还需要再次测定社区的抗逆力水平,判断提升策略执行效果是否达到预期目标,如未达到目标,应及时总结经验教训,回到第二步,持续开展社区抗逆力的提升工作。

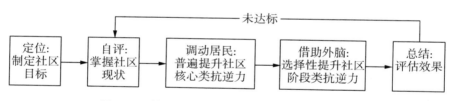

图6-4 社区管理层面的社区抗逆力提升路径图

社会发展层面。社区作为社会功能基本单元,其抗逆力水平的高低不仅关系社区自身发展,更影响着国家社会发展和人民群众生活,所以在社会发展层面提高全社会的社区抗逆力水平亦具有重要意义,其路径如图6-5所示。第一步,向全社会宣传社区抗逆力的意义,鼓励开展社区抗逆力自测与评估,加强全社会对社区抗逆力的理解和认同。第二步,在部分社区试点社区抗逆力的提升工作,积极总结经验成果和操作规范,为大规模应用和公共政策的制定提供支持和依据。同时还需指导社区对社区居民的动员工作,并为社区选取合适的专家学者作为外脑,为社区提升核心类抗逆力和阶段类抗逆力提供实践的帮助和资源的支持。第三步,要在全社会推广提升社区抗逆力的典型案例,制定有利于社区抗逆力提升的宏观公共政策,甚至将社区抗逆力的提升纳入地方政府考评体系。只有将社区抗逆力的提升规范化、制度化、法治化,才能在全社会范围内提升社区的抗逆力水平,也才是提升社区抗逆力的根本之道。

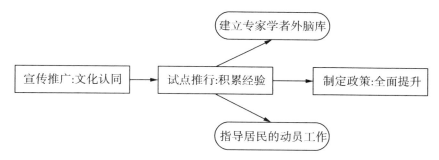

图 6-5 社会发展层面的社区抗逆力提升路径图

第三节 经济抗逆力的提升政策分析

本节将基于第五章构建的经济抗逆力的评价体系,结合贝叶斯网络敏感性分析,识别灾害情境下经济抗逆力影响指标中的关键因素,并探究其作用情况,然后建立灾害情境下经济抗逆力的决策网络。基于我国现有相关政策,提出不足及改进建议,以作为政策制定者做出决策时的科学依据。

一、经济抗逆力提升政策的分析框架

针对提高灾害情境下经济抗逆力的政策研究应该从关键指标及其作用大小入手,有针对性地提出有利于建设区域经济抗逆力的建议。因此本小节将基于贝叶斯网络敏感性分析,对主要影响指标的作用情况进行具体分析,为政策的制订奠定基础。然后通过对现有政策的整理研究,为政策制定者提出科学合理的建议。

1. 敏感性分析

敏感性分析可以探究目标节点与其他节点的相互作用效果及作用程度。贝叶斯网络的敏感性分析通过改变输入节点的值,进而观察目标变量各状态发生概率的变化。在 Netica 软件中完成敏感性分析,通过方差缩减进行。方差缩减的方法原理介绍如下。

$H(X)$ 和 $Var(X)$ 表示变量 X 的熵和方差,具体计算公式如下:

$$H(X) = -\sum_{x \in X} P(x) \lg(x)$$
$$Var(X) = \sum_{x \in X} P\ (x-\mu)^2 P(x)$$

其中,μ 表示均值,即 $\sum_{x \in X} x P(x)$。

探究敏感性的节点证据作为条件,对查询节点状态进行计算,得到熵和方差将传达的信息,即输出 $P(Q|E=e)$。输入变量用 F 表示,输入变量可取 f 个状态。输出变量(查询节点)用 Q 表示,输出变量也能取 q 个值。由于两类变量具有相互影响的先决条件,因此随着输入变量状态的改变,输出变量会受到相应影响,变化情况可用方差缩减 $[V(Q)]$ 值来表示:

$$VR = V(Q) - V(Q\mid F)$$

其中 $V(Q) = \sum_q p(q)\ [X_q - E(Q)]^2$,$V(Q\mid F) = \sum_q p(q\mid f)[X_q - E(Q\mid f)]^2$,$E(Q) = \sum_q p(q)\ X_q$。$X_q$ 是概率值,代表输出变量取 q 的概率;$E(Q)$ 是期望,指基准情形下输出变量的期望值;$E(Q|f)$ 是控制输入变量取 f 的情况下输出变量的期望;$V(Q)$ 是方差,指基准情形下输出变量的方差值;同理,$V(Q|F)$ 是在控制输入变量取值情况下输出变量的方差。VR 的值越大,表示目标变量对该变量的变化越敏感,反之则越不敏感。

2. 相关现有政策

2018 年我国受自然灾害的影响不显著,原因主要在两个方面。其一,整体自然灾害发生次数较少,灾害严重性较轻,台风灾害中只有"温比亚"和"山竹"超过了台风量级,整年受到的流域性洪水灾害危害都有限,地质灾害也较往年少。其二,应急管理部的成立对我国防灾减灾工作作出了重要贡献。我国应急管理部于 2018 年成立,主要负责统筹、协调和组织全国范围内的防灾减灾救灾工作。应急管理部对全国灾害应急进行统一指挥,在重大灾害发生第一时间就会启动应急响应。该部成立以来按灾害种类建立了相应的应急预案,并通过对灾情的预判,设置了重点部署,致力于及时应急救灾,尽可能缩减灾害风险带来的损害。

多年来,我国对于灾害应急管理越发重视,主要体现在完善灾害救援的法制体系建设,并把减灾作为重点,纳入可持续发展战略之中。至 2016 年 3 月 10

日,以《中华人民共和国突发事件应对法》《自然灾害救助条例》《中华人民共和国防震减灾法》《国家突发公共事件总体应急预案》《中华人民共和国防洪法》等作为编制依据,国务院修订并印发了《国家自然灾害救助应急预案》,由应急管理部统一领导,各职能部门分工合作,灾害与应急响应实行分级管理,并强调属地应急管理。不仅如此,灾害应急的法制体系建设还将结合实际需要不断改进和完善。

对建设灾害情境下经济抗逆力的相关法规进行梳理,列举出现有的政策条文,为提出针对性的补充与改进建议奠定基础。将具体条文按作用的影响因素不同进行归类,各因素按影响程度从强到弱的顺序排列,归纳结果如表6-18所示。

表6-18 加强灾害情境下经济抗逆力的相关政策

影响因素	政策内容	相关法律与政策条文
政府治理能力	有关防治自然灾害的法律体系、规章制度及灾害管理组织的建设	严格执行及时、按时向上级民政部门汇报原则; 建立健全灾情会商制度,客观评估核定灾情数据; 建立健全救灾物资采购和储备制度,完善救灾物资储备库的仓储条件、设施和功能,形成救灾物资储备网络,制订救灾物资储备规划,合理确定储备品种和规模; 建立健全救灾物资应急保障和征用补偿机制及救灾物资紧急调拨和运输制度; 自然灾害多发、易发地区可规划建设专用应急避难场所; 推行灾害信息员培训和职业资格证书制度
信息化程度	灾害预警,建立灾害数据信息库,防治及干预灾害不良影响的技术建设	自然灾害救助信息网络应以公用通信网为基础,合理组建灾情专用通信网络,确保信息畅通; 加强中央级灾情管理系统建设,完善部门间灾情共享机制; 建立自然灾害风险数据库,统计全国范围内的灾害高发区和灾害风险高危区,并绘制风险图; 完善灾情统计体系,完成国家、省、市、县四级灾情上报系统,健全灾情信息快报、核报工作机制和灾害信息沟通、会商、通报制度,建设灾害信息共享及发布平台,加强对灾害信息的分析、评估和应用; 资助一批关于防灾减灾的基础研究项目,深入揭示各类自然灾害的形成机理和演变规律,以及综合风险防范的模式等; 建设科研机构,目前已成立民政部国家减灾中心、国际减轻旱灾风险中心和民政部卫星减灾应用中心,民政部和教育部减灾与应急管理研究院; 建设国家减灾科普教育支撑网络平台

影响因素	政策内容	相关法律与政策条文
社会发展水平	弥补市场失灵的社会救助政策及国际合作计划	组织开展对地方政府分管负责人、灾害管理人员和专业应急救灾队伍、社会组织和志愿者的培训; 组织"防灾减灾日""国际减灾日""世界急救日""全国科普日""全国消防日"和"国际民防日"等活动,加强防灾减灾科普宣传,提高公民防灾减灾意识和科学防灾减灾能力; 完善城乡社区减灾基础设施,创建全国综合减灾示范社区;全面开展城乡民居减灾安居工程建设; 将减灾知识普及纳入学校教育内容,纳入文化、科技、卫生"三下乡"活动,开展减灾普及教育和专业教育,加强减灾科普教育基地建设; 支持和鼓励高校、科研院所、企事业单位和社会组织开展灾害相关领域的科学研究和技术开发,建立合作机制,鼓励减灾救灾政策理论研究; 建立完善社会动员机制,充分发挥民间组织、基层自治组织和志愿者队伍在综合减灾工作中的作用; 在大中城市和有条件的小城市设立接收社会捐助站点和慈善超市,完善全国经常性社会捐助服务网络; 国家鼓励基金会的正常发展,国家推进慈善组织社会公信力建设,推广基金会年度检查办法和评级制度
微观经济效率	提高经济市场效率的举措	探索建立适合中国国情的巨灾保险和再保险体系,加强巨灾防御工程建设; 完善农业、林业自然灾害保险与财政补贴相结合的农业、林业风险防范与救助机制,统筹考虑农业、林业巨灾风险分散机制,逐步加大保险对灾害损失的经济补偿和转移分担功能
宏观经济稳定程度	通过财政资金补助减缓危害以提高经济稳定性的政策	民政部、财政部及时拨付过渡期生活救助资金,并监督检查救助措施的落实,并组织绩效评估; 实行冬春救助,以工代赈、灾歉减免,资助倒损住房恢复重建; 安排中央救灾资金预算,建立完善中央和地方救灾资金分担机制,督促地方政府加大救灾资金投入力度; 建立救灾应急资金拨付机制,积极推进救灾分级管理、救灾资金分级负担的救灾工作管理体制,保障地方救灾投入,有效保障受灾群众基本生活; 在鼓励捐赠的税收优惠制度上,将企业公益性捐赠的税前扣除标准由年度应纳税所得额3%以内统一规定为企业年度利润总额12%以内

梳理现有政策,发现目前加强灾害情境下经济抗逆力相关政策的作用主要体现以下方面。

第一,逐步完善政府治理能力。通过明确救灾原则和灾区政府及民政部门的职责权限,健全救灾物资储备、调度及规划制度,建设专用避难场所,加强职业人员与相应部门的专业性,达到加强灾害应急法制体系和灾害应急管理组织建设的目的。

第二,加强对社会组织自救及救援的重视。现有政策对社会基层组织、慈善组织及志愿者在灾害应急救援中的作用进行强化,突出基层组织自救的作用和应急培训的重要性,通过加强学校防灾抗灾教育,设置定期应急演练,开展"防灾减灾日"等活动,加强应急自救知识的普及和宣传,加强对专业人员的应急能力培训,为完善社会自救与救助网络群策群力。此外,国家也越来越重视并积极参与国际合作救助项目,这些政策都加快了灾害情境下的社会发展速度,有利于增强经济抗逆力。

第三,加大财政资助力度,健全资金拨付机制。面对自然灾害威胁,保障受灾地区群众基本生活,我国民政部、财务部提出救灾应急拨付机制,为每年抗灾救灾减灾提前安排中央救灾资金预算,与地方政府合作分担救灾资金,并提出政策对地方政府进行监督。此外,鼓励地方企业踊跃参与到救灾资助中,并通过出台法律条文,保障捐赠企业的税收优惠政策。

二、敏感性分析

在第五章构建模型的基础上,利用敏感性分析进一步探究灾害情境下经济抗逆力的关键指标。敏感性分析的主要功能是探究目标节点受各指标的影响程度,以相关指标的信念方差值来表示影响程度,信念方差值越大,则说明目标节点受该指标的影响越大,信念方差值越小,则影响越小。结果可为预测灾害情境下的经济抗逆力提供依据,并为经济抗逆力的提升策略分析提供一种直接和有效的方法。

本研究构建的贝叶斯网络模型,不仅可以根据实际情况,通过设置不同的指标状态实现预测,更重要的是能够反映指标作用过程,并通过加强关键指标而实现加强经济抗逆力的目的。贝叶斯网络可以通过设置不同的参数来挖掘变量间蕴藏的数量关系。灾害情境下经济抗逆力的敏感性分析遵循以下条件。

第一,量化结果以发生概率最大的状态为基准,观察不同证据对目标节点的影响。

第二,优先考虑重要性排在前面的指标,探究单一及复合因素对经济抗逆力指数(EI)的影响。

表 6-19 敏感分析结果

指标	方差缩减	指标	方差缩减
S_{31}	0.191 900	S_{22}	0.000 710 9
S_{51}	0.154 400	S_{11}	0.000 608 6
S_{41}	0.004 584	S_{21}	0.000 608
S_{13}	0.002 641	S_{14}	0.000 466 1
S_{12}	0.000 910 5	S_{23}	0.000 342 7
S_{42}	0.000 758 3		

表 6-19 展示了敏感性分析后各指标的信念方差,按各指标对 EI 的影响程度从强到弱进行排序。敏感性分析结果表明,S_{31} 中介组织发育程度与法律制度指数这一项指标对经济抗逆力的影响最大,S_{51} 信息化水平、S_{41} 教育发展水平和 S_{13} 受灾经济损失率对灾害情境下经济抗逆力的影响也较为明显。根据敏感性分析结果,优先具体分析 S_{31}、S_{51}、S_{41}、S_{13} 对 EI 的影响情况。

根据灾害情境下的经济抗逆力取值范围,将 EI 值位于 0—0.25、0.25—0.5、0.5—0.75 及 0.75—1.0 时作为 EI 的的四种状态,即状态一、状态二、状态三和状态四,并分别命名为弱抵抗、较弱抵抗、较强抵抗和强抵抗状态。由于主要影响因素影响灾害情境下经济抗逆力的具体表现不同,预测模型得出的预测结果也不相同,下面将根据预测结果进行详细介绍。

(1) S_{31} 中介组织发育程度与法律制度指数。

为了探究 S_{31} 对 EI 的影响程度,根据第五章构建的经济抗逆力预测模型,除 S_{31} 外的其他指标都处于基准情形状态,仅改变 S_{31} 的状态,并将其作为证据。即证据一代表 S_{31} 取值 0—0.25,取值 0.25—0.5 作为证据二,取值 0.5—0.75 作为证据三,取值 0.75—1.0 作为证据四,分别观测 EI 四种状态的取值概率。在不同证据下,EI 四个状态的取值概率不同,如表 6-20 所示。

表 6-20 S_{31} 对 EI 的影响

EI 状态	基准情形	证据一	证据二	证据三	证据四
状态一	28.80%	31.80%	24.30%	24.90%	24.90%
状态二	26.10%	23.10%	29.50%	25.00%	24.90%
状态三	22.60%	22.60%	23.10%	25.10%	25.20%
状态四	22.40%	22.60%	23.10%	25.00%	25.00%
预测值		弱抵抗	较弱抵抗	较强抵抗	强抵抗

注:基准情形的数值表示用样本数据训练完毕时脆弱性各状态的概率。

为了更直观地了解中介组织发育与法律对 EI 的作用,图 6-6 是表 6-20 数据的更直观表示,折线图的横坐标是 S_{31} 的取值状态,用证据一到四表示,纵坐标表示 EI 各状态的取值概率,折线表示随着证据的变化,EI 处于不同状态的概率变化。

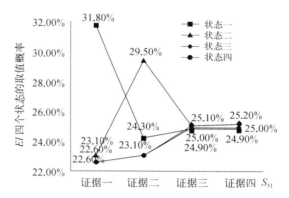

图 6-6 S_{31} 对 EI 取值状态的影响

由图 6-6 可知,基于基准情形,随着 S_{31} 的增大,EI 处于不同状态的概率也会随之变动。总体来看,S_{31} 对 EI 的影响较大,它的增大有利于加强经济抗逆力。这一结论表明,为加强经济抗逆力而增加地方政府治理能力,是一种直接和有效的方法。

具体而言,随着 S_{31} 的增大,EI 处于状态三的概率逐渐增大,从证据一的 22.60% 增加至证据四的 25.20%;处于强抵抗区的概率也在逐步增大,由证据一的 22.60% 增加至证据四的 25.00%;处于较弱抵抗区概率呈现出先减小后增大再减小的趋势,先降至证据一的 23.10%,后增至证据二的 29.50%,再下降到证据四的 24.90%。因此,随着 S_{31} 的增加,EI 取值为较弱抵抗和弱抵抗概率越来越小,特别是取值为弱抵抗概率会发生突变。

由以上分析可知,要加强地区面向灾害的经济抗逆力,提高 S_{31} 的值就是一个直接而有效的办法。决策制订者应积极提升辖区法律制度,并鼓励中介组织的发育,从而提高政府治理能力,加强经济抗逆力的建设。

(2) S_{51} 信息化程度。

由图 6-7 可知,随着 S_{51} 的增大,EI 不同状态的概率也会随之变动。总体来看,S_{51} 对于 EI 节点的敏感性较大,即它的增大对加强灾害情境下的经济抗逆力作用较大。

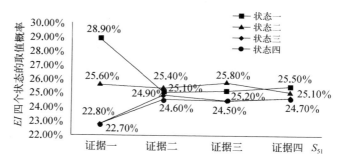

图 6－7　S_{51} 对 EI 取值状态的影响

具体而言，随着 S_{51} 的增大，EI 处于较强抵抗和强抵抗状态的概率逐渐增大，从证据一的 22.80％增加至证据四的 24.70％；处于较弱抵抗和弱抵抗状态的概率呈现出减小的趋势，从证据一的 28.90％降至证据四的 25.50％。

由于有 72.70％的 S_{51} 处于状态一，即我国信息化发展水平普遍处于较低状态，因此当一个地区的信息化发展指数很高时，有可能反而导致其他经济抗逆力指标的下降，因此证据四 EI 的预测值处于 0.25 以下的可能性最大，但随着信息化水平的提高，EI 表现为弱抵抗概率越来越小，而 EI 为较强抵抗和强抵抗概率逐渐变大。

通过分析可以发现，要加强地区面向灾害的经济抗逆力，信息化发展程度非常关键，不仅关系到经济的发展速度，而且是救援沟通中不可或缺的部分。要提高信息化发展水平，一方面需要拓展通信，重视备用通信，另一方面要加快地区经济结构调整，扶持信息技术产业发展。

（3）S_{41} 教育指数。

S_{41} 对 S_4 社会发展水平及 EI 都有影响。参照上文对指标敏感性描述方法，可得 S_{41} 对 S_4 和 EI 的作用如图 6－8 和 6－9 所示。

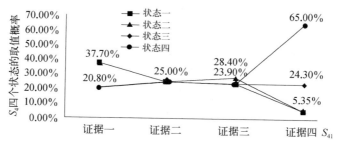

图 6－8　S_{41} 对 S_4 取值状态的影响

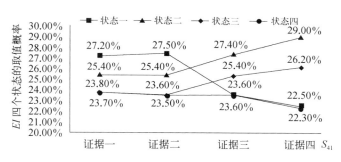

图 6 - 9　S_{41} 对 EI 取值状态的影响

S_{41}越大表示教育指数越高,因而社会发展水平表现为一定程度的增大,从而作用于 EI。由图 6 - 8 所示,当 S_{41} 的值越来越大,S_4 处于状态一和状态二的概率呈现出先增大后减小的现象,处于 0.75—1.0 区间(状态四)的概率显著增大,这是由于基准情况下,教育指数有 87.90％ 的概率处于状态四,且 S_4 有 54.80％ 的概率处于状态四,因此当 S_{41} 的值增大时,S_4 便随之增大,且有很大概率表现为状态四。而且基准状态下 S_4 处于状态三的概率最小,小于 2.00％,因此随着 S_{41} 的增大变化不明显。

如图 6 - 9 所示,随着 S_{41} 的增大,EI 状态一的变化先增加后减小,处于状态二和状态三概率呈增大趋势,而且状态三概率总小于状态二,可能是由于教育指数对 EI 的直接影响不够明显。仅提高教育指数对 EI 的增大有一定作用,但鉴于教育指数已经大部分处于高水平状态,因此对 EI 的影响有限。

(4) S_{13} 经济损失率。

从基准情形可知,有 86.40％ 的概率 S_{13} 处于 0.75—1.0 的状态,由于数据经过标准化的正向处理,该信息表明经济损失率较小,即大多数情况下经济损失率并不高。但自然灾害一旦发生,不可预测的损失将对经济体系造成冲击,阻碍经济发展,甚至导致经济系统无法正常运转,且敏感性分析的结果得出 S_{13} 对 EI 的影响在所有指标中位列第三。因此需要探究 S_{13} 对 EI 的具体影响,找到适合的角度探究灾害情境下经济抗逆力的加强策略。

为探究 S_{13} 对 S_1 和 EI 的影响,在基准状态下仅改变 S_{13},预测结果如图 6 - 10 和图 6 - 11 所示。

如图 6 - 10 所示,随着经济损失率减小,S_1 处于状态三的概率先减小然后明显增大,这是因为 S_{13} 在取 0.75—1.0 的概率为 86.40％ 的情况下,S_1 处于状态三的概率为 53.00％,因此当证据四发生时,S_1 处于状态四的概率将在原有基础上增大。而 S_1 处于状态四的概率先增大后减小,说明 S_{13} 虽然对 S_1 有一定影响,但不足以使其达到状态四。表明减小经济损失率有利于建设稳定的宏观经济环境,但一味减小经济损失率未必能使宏观经济稳定程度处于最佳状态。

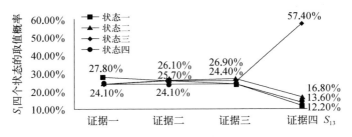

图6-10　S_{13} 对 S_1 取值状态的影响

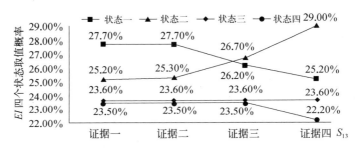

图6-11　S_{13} 对 EI 取值状态的影响

由图6-11,随着经济损失率减小,EI 取值由状态一向状态二变化,表明灾害情境下经济抗逆力受到经济损失率的影响,降低经济损失率可以增加 EI 值。但 EI 处于状态四的发生概率随着 S_{13} 减小而下降,而且状态三的发生概率没有变化,说明 S_{13} 对 EI 的影响有限,要大幅度增强 EI 需要降低经济损失率的影响,还需要考虑其他因素的影响。

（5）S_{31} 和 S_{51} 对 EI 的综合影响。

根据敏感性分析结果,S_{31} 和 S_{51} 对 EI 的影响最大,上述分析也表明分别加强 S_{31} 和 S_{51} 对增强 EI 有一定效果。根据相关性分析,二者具有显著性差异,因此应综合考虑这两个关键指标对 EI 的作用效果,从而找到提升 EI 最有效的途径。EI 四种状态的发生概率随着 S_{31} 和 S_{51} 的取值不同而变化,具体公式如下:

$$P\left[EI=i\ \middle|\ \begin{array}{l} S_{31}=j, S_{51}=k, S_{11}=4, S_{12}=2, S_{13}=4, S_{14}=3, \\ S_{21}=3, S_{22}=2, S_{23}=4, S_{41}=3, S_{42}=3 \end{array}\right],$$

$$(i,j,k=1,2,3,4)$$

其中,$S_{11}=4$ 代表 S_{11} 有 100％的可能取状态四,$S_{13}=4$ 代表 S_{13} 有 100％的

可能取状态四,由此可知其他指标的取值状态。证据用 $X=Q$ 表示,X 指需要控制的指标,Q 指指标的固定状态,取值为 1,2,3,4,上式可以表示为:

$$P(EI = i \mid S_{31} = j, S_{51} = k, X = Q), (i, j, k = 1, 2, 3, 4)$$

当 $k=1,j=1$ 时,由贝叶斯网络模型得出 EI 各状态的发生概率值。然后设置当 $k=1,j=2,3,4$ 时,统计式中 EI 各状态发生概率的变化,如表 6-21 最后一行所示。

表 6-21　$k=1, j=1, 2, 3, 4$ 时 EI 的变化

EI 状态	基准情形	证据一	证据二	证据三	证据四
状态一	30.2%	36.6%	23.5%	24.0%	24.3%
状态二	26.4%	22.0%	33.4%	25.7%	24.4%
状态三	21.7%	20.7%	21.5%	26.3%	25.5%
状态四	21.7%	20.7%	21.5%	23.9%	24.3%
预测值		弱抵抗	较弱抵抗	较强抵抗	较强抵抗

注:基准情形为 $S_{51}=1$ 时 EI 的取值。证据一 表示 $S_{51}=1, S_{31}=1$;证据二表示 $S_{51}=1$, $S_{31}=2$;以此类推。(由于数据的精确度取值问题,数据总和可能会有 0.01% 的出入,下同)

不同证据条件下 EI 的状态如表 6-21 所示。同理可得 $k=2,3,4,j=1$,2,3,4 时 EI 四个状态概率的预测表。可以看出,随着 S_{31} 和 S_{51} 增大,EI 值越来越大,表明同时加强 S_{31} 和 S_{51} 能让 EI 达到更高水平。但是在实际情况中,中介组织能力与法律制度指数与信息化程度不会一直存在正相关关系,可能出现此消彼长的现象。因为加强每个指标都需要一定的财务支出,而经济体发展的资源受限,可能无法承担较高支出。因此当 $k=3,4$ 时,往往使得 j 取不到 3 和 4,即 S_{31} 处于高水平时,S_{51} 达不到高水平。这两对组合的预测存在一定不确定性,因此 $k=3,4$ 与 $j=3,4$ 时 EI 的变化仅供参考,不建议运用到实际情况中。

表 6-22　$k=2, j=1, 2, 3, 4$ 时 EI 的变化

EI 状态	基准情形	证据一	证据二	证据三	证据四
状态一	24.8%	25.7%	24.0%	24.3%	23.7%
状态二	25.6%	24.8%	27.7%	24.7%	24.0%

EI 状态	基准情形	证据一	证据二	证据三	证据四
状态三	25.3%	24.9%	24.3%	26.8%	28.5%
状态四	24.2%	24.6%	23.9%	24.2%	23.8%
预测值		弱抵抗	较弱抵抗	较强抵抗	强抵抗

注:基准情形为$S_{51}=2$时,EI的取值。证据一表示$S_{51}=2$,$S_{31}=1$;证据二表示$S_{51}=2$,$S_{31}=2$;以此类推。

表 6 - 23　$k=3,j=1,2,3,4$ 时 EI 的变化

EI 状态	基准情形	证据一	证据二	证据三	证据四
状态一	25.9%	27.4%	24.5%	25.0%	24.7%
状态二	25.4%	24.3%	27.3%	24.9%	24.7%
状态三	24.5%	24.1%	24.2%	25.6%	25.7%
状态四	24.2%	24.1%	24.1%	24.5%	24.9%
预测值		弱抵抗	较弱抵抗	较强抵抗	强抵抗

注:基准情形为$S_{51}=3$时,EI的取值。证据一表示$S_{51}=3$,$S_{31}=1$;证据二表示$S_{51}=3$,$S_{31}=2$;以此类推。

表 6 - 24　$k=4,j=1,2,3,4$ 时 EI 的变化

EI 状态	基准情形	证据一	证据二	证据三	证据四
状态一	25.6%	26.7%	24.6%	25.0%	24.6%
状态二	25.2%	24.5%	26.6%	25.0%	24.5%
状态三	24.6%	24.4%	24.4%	25.2%	25.2%
状态四	24.6%	24.4%	24.4%	24.8%	25.7%
预测值		弱抵抗	较弱抵抗	较强抵抗	强抵抗

注:基准情形为$S_{51}=4$时,EI的取值。证据一表示$S_{51}=4$,$S_{31}=1$;证据二表示$S_{51}=4$,$S_{31}=2$;以此类推。

S_{31}和S_{51}作为复合因素,共同作用于EI,根据表6-21至表6-24的复合因素不同状态排列组合,可以得到EI最终的状态变化情况,如表6-25所示。

表 6-25 S_{31} 和 S_{51} 组合对 EI 的影响

EI 状态	$S_{51}=1$	$S_{51}=2$	$S_{51}=3$	$S_{51}=4$
$S_{31}=1$	弱抵抗	弱抵抗	弱抵抗	弱抵抗
$S_{31}=2$	较弱抵抗	较弱抵抗	较弱抵抗	较弱抵抗
$S_{31}=3$	较强抵抗	较强抵抗	较强抵抗	较强抵抗
$S_{31}=4$	较强抵抗	较强抵抗	较强抵抗	强抵抗

注:灰色范围由于经济资源有限,现实中较难实现。

上表中,$S_{31}=1$ 表示 S_{31} 处于状态一,$S_{51}=1$ 表示 S_{51} 处于状态二,以此类推。$S_{51}=1$ 与 $S_{31}=1$ 时,EI 表现为弱抵抗,表示在一定条件下,S_{31} 和 S_{51} 都仅为 0—0.25 时,EI 最弱,表明地区在灾害情境下亟待采取措施加强经济抗逆力。而当 S_{31} 和 S_{51} 都处于较高值时,EI 处于强抵抗状态,因此地区面向灾害情境下经济抗逆力很强,可以不再额外增加财政支出加强 EI。根据贝叶斯网络预测模型结果,目前我国灾害情境下经济抗逆力多处于弱抵抗或较弱抵抗状态,且政府治理能力及信息化发展程度都很低。预测结果及敏感性分析表明,不同指标对建立灾害情境下经济抗逆力的贡献不同,需要综合考虑当地经济条件和灾害环境,适度地建设经济抗逆力。

三、现有政策的不足及建议

本小节针对敏感分析的结果及现有相关政策,指出现有政策的不足,并有针对性地提出加强灾害情境下经济抗逆力的建议,给予政策制定者科学合理的决策指导。

1. 现有政策的不足

通过研究灾害情境下经济抗逆力的预测模型和关键影响指标,可知我国灾害情境下的经济抗逆力亟待提高。如前文所述,近年来我国政府密集出台了各类防灾抗灾政策,对应急管理机构进行了改革,政府不断加强对社会各界防灾抗灾的宣传教育,可以预见未来几年中,我国防灾抗灾能力将逐渐提高。但从我国灾害情境下经济抗逆力的分布现状及各区域的特征可以看出,全国范围内的市场化效率及信息发展程度不足,一些经济抗逆力弱的区域社会发展落后,部分省市由于行政区划面积较大、不便管理,导致政府治理能力不足。目前,我国对于建立及加强灾害情境下的经济抗逆力的意识和政策仍有所欠缺。

由敏感性分析结果可知影响灾害情境下经济抗逆力的关键指标,结合现有政策研究结果,可知对于加强建设灾害情境下经济抗逆力现有政策的不足主要体现以下方面。

第一,缺少针对灾害情境下经济抗逆力的提升政策。经济抗逆力描述的能力不仅涉及评估灾害救助资金拨付机制、救援物资储备制度、预警及应急救援技术等"硬件",还包括灾前抵御风险的措施及社会福祉等"软件"。疏于考虑"软件"的部分会导致对灾前减缓与缩减风险的忽略,不利于减小经济体系面向灾害的脆弱程度。我国应借鉴发达国家的经验,注重灾害情境下的经济抗逆力建设,并制定专门的建设政策,以抗逆性能更强大的经济系统来面对自然灾害的破坏。

第二,在政府治理水平方面,未明确对地方政府的利益驱动机制。在经济体系中,利益作为普遍的评价标准,也存在于政府治理中。中央政府与地方政府作为两个经济主体,利益导向有所差异,中央政府的经济抗逆力建设一定程度上会消减地方政府利益。为达成一致目标,除了出台强制性法规对地方政府进行监督外,还需借助利益驱动机制作为激励。我国中央统一领导的应急救灾体制经常导致地方政府过于依赖中央的资助与指导,造成灾害救援的被动,耽误最佳救援时间,造成国民经济大量流失。因此通过明确各经济主体的利益,有利于激励地方政府主动参与经济抗逆力建设,加强政府治理能力对应急管理的贡献。

第三,在经济市场效率方面,缺少保险与证券化的风险转移与规避机制。目前,我国灾后资金拨付与资助机制比较完善,但这类政策主要依靠政府财政为资金来源,会造成政府财政负担过大,并且不利于灾前经济风险规避和转移。灾害情境下的经济抗逆力不仅描述经济体系灾中、灾后的能力,更重要的是灾前能力建设。目前国内虽然已经出现巨灾保险,但离成熟阶段还有一定差距,巨灾风险证券化也仍处于起步阶段,而巨灾风险的证券化是面对自然灾害的市场效率的体现,因此要加强灾害情境下经济抗逆力的建设,就要重视灾前的风险转移策略,加快金融市场在应急管理中的作用,早日完成巨灾风险证券化的进程。

2. 改进建议

根据敏感性分析结果,中介组织发育与法律制度指标代表的政府治理能力以及信息化发展指数代表的信息化发展水平是影响灾害情境下经济抗逆力的一对重要指标。在二者的单一或复合作用下,经济抗逆力会随指标的增大而增强,但随着政策的实施,还需关注经济资源有限性及地方经济特点。结合敏感性分析结果和现有政策不足,对现有政策改进有以下建议。

第一,形成统一的经济抗逆力的评价体系。我国可依据上述灾害情境下经济抗逆力的评价方法,结合地区 EI 预测结果,建立地方政府自测机制。经济抗逆力强的省市可设立模范区域,结合发达国家经验,探索并建立专门的经济抗逆力建设政策,以充分完善防灾减灾建设。此外,政策制订及评价应充分考虑经济抗逆力的软件部分,注重与相关部门协作,明确各部门权责,共同建立灾害情境下具有经济抗逆力的区域。

第二,完善政府治理能力,除了健全法制体系和应急组织管理,还要注重对地方政府的激励。地方政府能够直接参与到防灾减灾的一线工作中,它们的部署与行动能直接影响救灾效率与效果。在有效的监督机制下,辅以激励机制,能有效减少地方政府的被动与依赖。因此,建议对地方政府部门的政绩考核中加入地方灾害应急管理的成效,设置全面的考核内容。此外,可以通过健全政府信息披露制度,将政府的规划、行为与民众的意见和建议相结合,促进全民监督,完善对地方政府的监督机制。

第三,加强推行灾害保险与巨灾风险证券化。在应急管理中,资金融通除了政府参与,还需要更有效率的金融市场参与其中。巨灾会重创经济体系,而我国巨灾风险证券化仍处于起步阶段,加强经济抗逆力建设需要金融市场参与融资,因此巨灾风险证券化的发展很重要。巨灾风险证券化利用金融手段结合保险市场和资本市场的融资及转移风险,可以在巨灾发生时按照约定条件完成融资,不仅能对巨灾风险进行转移,也能增加救灾抗灾资金的融资渠道。巨灾风险证券化可以保障遭受损失后的资金来源,从而达到减小政府财政压力的目的。

3. 构建决策网络

为了便于给决策者提供指导,本研究将利用贝叶斯网络方法,建立加强灾害情境下经济抗逆力的决策网络,如图 6 - 12 所示。该决策网络的作用是,根据各指标的状态及 EI 大小,判断决策者需要立即采取政策加强措施的概率,即在灾害发生之前,根据灾害情境下经济抗逆力的现状,为决策者提出行动建议。

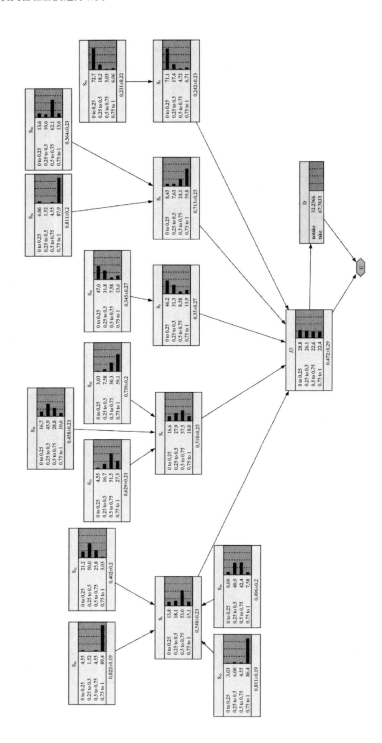

图 6 - 12 灾害情境下经济抗逆力的决策网络

决策网络的作用是结合预测结果以及决策的效用,输出决策的期望值,以达到辅助决策者的目的。在构建决策网络时,设置决策节点具有行动(take)和不行动(notake)两种情况。当 EI 值处于不同状态时,做出政策改进的决策和不做出政策改进决策的效用不同,因此将根据上文预测模型的结果,对 EI 四种状态下行动与不行动的效用进行赋值。需要注意的是,在效用值的选取时,处理考虑灾害情境下经济抗逆力建设的重

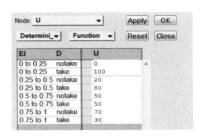

图 6‑13　效用节点的函数关系式

要性,还需要考虑做出行动需要付出的财政支出。最终效用节点、EI 节点和决策节点的联系如图 6‑13 所示。

由图 6‑13 可知,如果 EI 处于弱抵抗状态,但是决策者选择不行动,则此时效用值为 0;而在 EI 处于弱抵抗状态时,决策者决定行动,效用值是 100。这是因为 EI 极低时,经济系统非常脆弱,灾害可能造成巨大经济损失,所以此时应该亟待行动才能尽可能抵抗灾害带来的不良经济震荡。如果是较弱抵抗并且采取措施,则效用值是 80,若没有采取措施,效用值是 20,意味着采取措施比不采取措施更好,因为采取必要措施能够加强灾害情境下的经济抗逆力。如果 EI 处于较强抵抗并且采取措施,设效用值为 50,这是因为当 EI 较强时,受到灾害的影响会随之减轻,此时财政富余但灾害风险高的地区可以选择行动,但地区灾害影响原本不严重且财政可用于其他公共设施建设的地区就不必采取措施,不行动的效用值也是 50。如果 EI 已经是强抵抗状态,但是决策者仍采取抗逆力加强行动,那么抗逆力不会产生显著提升效果,因为此时经济体系有一定抵抗灾害的能力,继续采取加强措施将会造成人力、物力的浪费,如果采取不恰当的决策可能

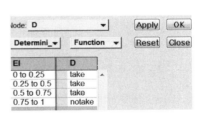

图 6‑14　决策节点的函数关系式

还会造成经济抗逆力的降低。决策节点的函数关系式如图 6‑14 所示。

由灾害情境下经济抗逆力的决策网络可以看出,由于我国大部分地区 EI 都处于较弱抵抗的状态,因此行动的期望高于不行动的期望,所以需要采取加强措施,通过政策引导加强经济抗逆力,以应对灾害带来的不良影响。本节建立的决策网络能够根据 EI 值的当前状态和预测结果为决策者提供是否需要采取行动的建议,而预测模型和政策建议的研究结果为政策制定者提出了该向什么方向行动的建议。

第七章 社区外部要素的抗逆力提升策略

社区外部要素也是影响社区抗逆力的重要组成,其中包括从外部获取应急资源的能力。增加应急物资可及性是从外部要素提升抗逆力水平的一个重要方面,其中,改善应急物资供应链抗逆力是一项关键策略。本章将以应急物资供应链的抗逆力为例,研究通过社区外部要素提升抗逆力的策略。第一节将介绍应急物资供应链抗逆力的研究背景与概念;第二节将提出多阶段灾害情形下应急供应链抗逆力的研究问题,提出模型假设,便于对应急供应链抗逆力进行评价;第三节将针对该问题,基于序贯博弈方法构建应急供应链抗逆力的评价模型;第四节将对模型进行案例分析,以案例结果为例分析相应情形下的应急供应链抗逆力的提升策略。

第一节 应急物资供应链的抗逆力

一、研究背景

持续稳定的应急物资供应是影响突发事件应急管理效果的关键。面对突发事件的打击,应急供应链本身也面临遭受灾害打击的风险,例如应急物资供应商因灾害而停工、物资运输道路受阻等都会造成应急供应链的中断风险。以新型冠状病毒肺炎为例,口罩、防护服等医疗防护用具在疫情期间成为最紧缺的应急物资。为了阻止疫情扩散,我国大多数企业停止生产作业,但是医疗防护用具的生产企业作为应急资源的供应商,要展开高强度作业,高度聚集的生产工人都在一定程度上承受着病毒传播的风险。如果这类生产企业内部出现工人交叉感染现象,使得应急物资供应商关停,将会进一步加重抗疫负担。以应急供应链为主体,考虑到抗逆力的定义,应急物资供应链采取措施缓解风险对于自身的打击、降低物资中断风险、弥补物资供应不足、尽快恢复到正常供应状态的能力就是应急物资供应链的抗逆力。高水平的资源可及性能够保证灾区抗灾获得及时的、充分的、持续的物质支持,是灾区自救抗灾能力的物质保障。灾区拥有的应急物资供应链是灾区获得应急资源的重要途径,柔韧的应急物资供应链有助于形成稳健的资源可及性,从而改善灾害抗逆力水平。

目前,企业供应链风险已经获得学界关注,但是用于抗灾救援的应急供应链抗逆力研究还有待深入。与以盈利为目的的企业供应链不同,应急供应链关乎灾民生死存亡,而且出现中断的风险更高,中断后果更为严重。对于多阶段、多事件类型的自然灾害,例如地震这类灾害,在首次袭击后通常还会出现多次余震及次生灾害,使得应急供应链中的一些应急资源供应商或运输渠道与灾区一样需要面对灾害多阶段威胁。例如,2008 年汶川地震应急中获得的大量救灾物资是来自当地政府向四川省内企业的临时统购,通过"以订代储"的市场化途径满足灾区物资需求,部分供应商企业一方面利用未被破坏的库存物资和生产活动参与抗灾,另一方面,由于地处灾害攻击范围内,也面临余震及次生灾害等风险威胁。鉴于此,应急管理决策者应当将提高应急资源供应链的抗逆力作为一项重要的应急管理策略,采用灾区预备库存、选择备用供应商等措施有效应对应急供应链中断风险,这有利于降低供应商中断对于应急资源调度效率以及救灾效果的影响。

鉴于以上,本研究在抗逆力研究背景下提出如何通过各类综合措施提升应急供应链抗逆力水平的问题,在前人的抗逆力概念研究和供应链研究基础上,在多阶段情形下探究具体的应急供应链抗逆力提升策略,评价不同抗逆策略带来的应急供应链抗逆力提升效果,基于抗逆力改善应急管理效率、提高灾区抗灾能力,借此深化抗逆力相关研究的应用价值。希望本研究的结论可以为有效提高突发灾害应急管理质量、改善应急物资供应链抗逆力、减少人员伤亡与财物损失提供必要的理论依据与策略指导。

二、概念分析

供应链抗逆力研究尚未成熟,很多研究参考了供应链柔性的研究成果。供应链柔性和供应链抗逆力是供应链不确定性研究中的两个概念,在企业供应链的相关研究中已经逐渐成为热点。

供应链柔性(Supply Chain Flexibility),是供应链对环境变化和不确定性事件做出快速反应的能力。Sabri(2002)从产出的角度定义供应链柔性,认为供应链柔性侧重于企业改变产出能力从而适应市场需求变化的能力,并且将供应链所经营资源的富裕程度作为供应链柔性的测度方法。Lummus(2003)认为可以通过供应链对其经营速度、目标和数量的迅速调节的能力进行供应链柔性评价。

供应链抗逆力(Supply Chain Resilience),也可译作供应链弹性。Christopher(2004)认为供应链抗逆力是指供应链遭遇突发事件之后恢复到令人满意状态的能力,强调抗逆力表现出的事后响应能力。一些学者在此基础上,考虑应急管理的整个生命周期,扩大了供应链抗逆力的概念范围,Chowdhury(2016)认为供应链抗逆力不仅表现在突发事件发生后的快速响应和恢复,还包括事前为了防止供应链中断、减少潜在干扰而采取的准备;Ponomarov(2009)将供应链抗逆力定义为供应链为了保持特定运作水平、进行持续运营,通过灾前预防、灾中响应以及灾后恢复来控制自身系统结构和功能的能力。刘希龙(2007)认为供应链抗逆力的表现可通过两个方面来测度:供应链恢复到常态的速度以及供应链恢复后的状态与初始状态的偏离程度,供应链恢复的速度越快、与初始状态的偏离越小,表示供应链抗逆力越强。

供应链柔性和供应链抗逆力既有区别又相互关联。综合来看,供应链柔性强调的是供应链主体采取怎样的策略应对环境变化,而供应链抗逆力则更加注重于供应链应对突发事件时吸收供应链扰动、迅速恢复初始状态的能力。一些文献认为供应链柔性是供应链抗逆力的一项影响因素,面对突发事件风险时,供应链柔性策略有利于供应链迅速恢复,提高供应链缓冲能力,从而对于供应链抗逆力具有正面影响。但是,一方面,这些研究大多是基于对企业家进行的问卷调查,分析两种概念的关联关系,没有涉及如何通过柔性策略提升供应链抗逆力的具体策略或运行机制;另一方面,这些文献的研究对象是企业供应链,而不是专门用于灾害救援的应急供应链。

本研究侧重于探讨如何通过备用供应商选择、储备点选择等中断应对策略实现应急供应链抗逆力提升的问题。

三、评价方法

考虑自然灾害打击可能使得应急物资主要供应商的供应能力产生损失,造成应急供应链中断风险的情形,灾区采取措施应对中断风险,并且作为抗击物资中断风险的抗逆力提升策略,包括灾前应急储备策略、备用供应商选择和储备点选择等。将灾害视作攻击者,灾区的应急供应链系统视作防御者,灾害对应急供应链中的供应商供应能力进行打击,防御者采取应对措施以缓解灾害打击造成供应商中断对于整个应急物资调配效果的影响。利用基于序贯博弈的攻击—防御关系模型对应急供应链抗逆力水平及其提升效果进行评价,然后结合汶川地震案例进行分析研究,希望基于实际案例发现利用应急供应链中断应对措施提升抗逆力的有效策略。

根据研究内容和目的,归纳出以下需要解决的问题:

第一,通过攻击者和防御者在应急供应链中的博弈关系构建抗逆力提升策略的作用机制。

刻画灾害攻击和灾区应急供应链响应措施之间的博弈关系,在两种情形下构建基于攻击者和防御者关系的序贯模型,反映应急供应链系统有效应对灾害打击、抗击中断风险的抵抗行为机制。考虑应急管理生命周期中的灾前、灾中和灾后阶段,对于灾害多阶段攻击、灾区可以综合灾前预防和灾后响应措施的情形,构建针对多阶段攻击的防御—攻击—防御(Multiperiod Defender-Attacker-Defender, M-DAD)模型。这部分将为应急供应链抗逆力的评价以及提升策略分析提供方法与理论基础。

第二,基于应急供应链中的攻击防御关系进行抗逆力评价。

根据上述攻击防御关系模型构建的防御机制,刻画不同攻击和防御情形下的应急供应链状态演变过程,借助抗逆力曲线等抗逆力评价方法,评价各种防御策略下的系统抗逆力相对水平,反映不同供应链应对措施带来的抗逆力提升程度,从而为发现应急供应链抗逆力的最优化策略提供直接途径。

第三,基于案例的抗逆力提升策略分析。

将攻击防御关系模型和抗逆力评价方法用于 2008 年 5·12 汶川地震应急救灾的案例中,基于案例数据求解模型结果,分析提升应急供应链抗逆力水平的措施,包括灾前储备点选择、关键供应商识别、备用供应商选择等,为决策者制定抗逆力提升策略提出具有操作性的建议,希望借此深化本研究的实际应用价值。

第二节 问题描述与模型假设

考虑灾害多次攻击的情形,通过序贯博弈模型构建灾害与灾区之间的防御—攻击—防御关系,从而分析灾区应对灾难攻击的应急物资调度抗逆力。按照防御者先行动、攻击者后行动、防御者再次行动的顺序,防御者首先采取措施应对可能将会遭受的攻击,然后攻击者发起灾害攻击,防御者随即采取抗灾措施。利用攻击问题发现灾害破坏的最坏情形,并且探究防御者在最坏情形下的抗灾策略。本章提出的问题与现有研究主要有以下区别:① 攻击者的攻击行为也是多阶段的,每个阶段都有可能对供应商产生新的攻击行动,而且每个阶段的攻击计划相互独立,使得问题更加接近地震这类多阶段灾害的实际情形;② 防御者在灾前预防阶段将会尽可能采取最优的防灾措施,通过选择合适的应急物资储备点来应对即将行动的攻击者。具体的问题描述和模型假设如下。

(1)博弈主体。

博弈主体包括攻击者与防御者。防御者是调配应急救灾物资的应急物资调度系统,由决策者决定应急物资调度方案,其目标是使得灾区在响应灾害情形下获取救灾物资的成本最小化。

攻击者是打击灾区、造成灾损的灾难性力量,其目标是使得灾区获取所需救灾物资的成本最大化,本研究主要考虑攻击者对应急物资调度系统中的供应商进行攻击的行为。根据阿尔德森(Alderson,2015,2018)对于攻防博弈模型假设的论述,攻击者的主体可以是自然灾害、意外事故、人为破坏等。以布朗(Brown,2006)、阿尔德森(Alderson,2015)等学者构建攻防博弈模型采用的假设为依据,假定攻击者有能力采取使得防御者物资获取成本最大的攻击计划。在该假设下构建模型,不是为了预测攻击者的行为,而是为了帮助应急管理决策者识别"灾害攻击可能造成最坏情形是什么",从而发现系统的脆弱点。一方面,面对突发灾害风险,相较于普通供应商受损造成的后果,关键的供应商受损对于应急物资供应状态的影响更大,对灾害救援效果造成严重威胁。所以,应急管理决策者应该关注灾害的最坏情形,对系统的脆弱点加强保护,做好应对灾害最坏情形的准备,才能有效保证应急物资供应的抗逆性能。另一方面,关于攻防博弈模型中的攻击者主体,根据阿尔德森(Alderson,2015,2018),刻画攻击者行动的重点在于系统的组成部分出现损失的结果,而不是如何造成损失过程,所以自然灾害、意外事故、故障、人为破坏等都可以是造成系统损失的所述。不论攻击者主体是什么,只要系统出现损害,防御者就应该关注如何利用系统中尚未受损的部分来降低整个系统受到干扰的程度。

(2)防御者。

防御者是应急物资供应链,将应急资源从多个供应商处分配至灾区内多个受灾点,尽可能满足灾区物资需求。考虑应急管理的社会与经济效应,防御者的目标应该是在应急期间内尽可能满足灾区的物资需求,同时将物资调度系统总成本最小化。物资调度系统总成本包括采购运输成本与短缺惩罚成本。系统总成本从经济角度反映灾区物资供应能力,体现抗逆力要素中的资源可及性,所以防御者策略带来的系统总成本越低,表示该策略对应急供应链抗逆力提升的效果越好。

M-DAD 模型中的防御者行为涉及灾前和灾后两个阶段。灾前做好应急物资储备,当主供应商受到攻击后,启用备用供应商应对供应链中断风险。考虑的应急物资包括医疗用品和食物两类,这两类物品的质保时限短,不宜长期储存,所以需要结合储备与订购两种方式进行供应。灾前预先在合适的城镇配置应急物资储备点,拥有储备点的城镇可以在灾后第一时间迅速、直接地获取储备物资,便于拥有物资储备的受灾点在灾后第一时间尽可能自给自足。灾后通过订购并运输物资进一步满足应急救援和恢复重建的物资需求,通过多个供应商将应急物资配送至各受灾点。应急物资供应商分为主供应商和备用供应商。针对地震灾害,余震及次生灾害可能会对主供应商进行分阶段打击,在每个阶段都可能降低其供应能力。当主供应商不能满足受灾点物资需求时,可以启用备用供应商向受灾点提供资源,缓解主供应商受损对于整个系统的影响。备用供应商距离灾害中心较远,假设其供应能力不会受到灾害打击影响,但是较远的运输距离会导致较高的运输成本。

(3) 攻击者与最坏情形。

攻击者对应急供应链进行打击,通过破坏灾区及其应急物资供应商来降低供应链物资供应能力,减少受灾点可获得的应急物资。攻击者的攻击目标是应急物资供应商,通过袭击供应商降低其物资最大供应量,减少灾区的可获得资源,增大灾区灾害损失、物资短缺量及抗灾成本。为了简化问题,模型假定攻击者只可能攻击主供应商,减少主供应商的物资可供应量,而备用供应商的最大供应量不会受到攻击者影响。本研究问题中的攻击者是自然,针对灾害损失的最坏情形,假定攻击者有能力在每个阶段都按照可能造成灾区最大损失的策略进行攻击,通过袭击供应商降低其物资最大供应量,减少灾区的可获得资源,增大整个供应链系统的总成本。

最坏情形可定义为攻击计划使得系统总成本最大的情况。从防御者与抗逆力视角来看,抗逆力是系统状态下降至最低之后恢复到原本状态的能力,所以通过最坏情形下的资源满足情况来体现系统抗灾能力更加符合抗逆力研究需要。本研究模型中的最坏情形是为了识别"哪些主供应商因灾害攻击而受损将会使得应急物资调度总成本最大"。严格来说,最坏情形应是所有主供应商均被攻击,但是出于实际问题考量,应该关注某一特定范围内可能出现的最坏情形(Alderson,2018)。因此,本研究只关注攻击形成最坏情形下的防御者策略,且将最坏情形的可能性限定在某一集合内。

（4）考虑多事件、多阶段灾害的资源调度。

在利用攻防博弈进行抗逆力评价的现有研究中，攻击者通常只在攻击发生初期对被选入攻击计划的主供应商进行一次打击。但是对于多阶段灾害，以地震为例，在首次袭击之后通常伴随多次余震及各种次生灾害，对灾区和应急供应链造成持续威胁。例如，在汶川地震首震至 2008 年 12 月期间，发生 6 级以上余震多达 8 次，同时还有堰塞湖、瘟疫等次生灾害，多阶段的后续灾害依然会对受灾点及供应商产生威胁，一方面增加了受灾点物资需求量，另一方面降低了主供应商的物资供应能力。本研究将这种后续威胁刻画为攻击者的分阶段多次袭击，关注多阶段攻击对主供应商的影响。与现有研究的不同点在于，M-DAD 模型假设每个主供应商在每个阶段都有可能因为受到攻击而面临中断风险，攻击者在各阶段攻击计划相互独立，意味着在上一阶段未受影响的主供应商在下一阶段仍有可能遭受打击。

从防御者角度来看，为了满足动态变化的物资需求，提高物资利用率，多阶段的物资调度应该具有后续共享性。假设各类供应商在下一阶段可以对上一阶段的剩余物资进行配置，从而增加下一阶段的可配置资源，减少未来阶段的物资短缺率，但是上一阶段无法支配未来阶段的物资。对于受灾点，考虑到灾害应急涉及生命财产安全，救援时不可待，所以下一阶段的应急资源补充无法弥补上一阶段的资源短缺，因此各个阶段的资源短缺量可以累加，作为总短缺量。

（5）主供应商的权衡。

主供应商的关键程度决定当该供应商发生中断时对应急供应链系统的影响程度，反映灾害脆弱性，因此关键主供应商的识别也是应急供应链抗逆力提升策略的一个方面。主供应商的位置会影响其到各个受灾点的运输成本；供应商物资可供应量体现其物资供应能力，决定其向各个受灾点的物资供应量。位置和物资可供应量是多数供应商选择的研究都会考虑的因素，本研究在此基础上增加供应商的中断恢复时间与其他因素的权衡。M-DAD 假设主供应商受袭后自身可以开展修复工作，尽快恢复到原本需要的物资可供应量，但是不同主供应商的修复能力存在差异，所以需要的恢复时间不同。

本研究在主供应商的恢复时间、物资可供应量、位置三个因素中进行权衡。多个城市均配有主供应商，不同城市的供应商到不同受灾点的运输距离不同。假定同一个城市内的供应商到其他受灾点的运输距离基本相同，在同城供应商中，一个物资可供应量较高，具有较高的物资供应能力，但是受到袭击后恢复到正常物资可供应量所需的恢复时间较长；另一个物资可供应量较低，但是所需恢复时间较短。模型将会根据攻击者的攻击策略识别主供应商的关键程度，供应商遭受攻击后对整个系统产生的影响越大,表示该类供应商在应急供应链抗逆力塑造中发挥的作用越关键。

（6）备用供应商的权衡。

为了选择合适的备用供应商,需要备用供应商的权衡位置与物资可供应量因素。在多个城市配有备用供应商,体现备用供应商的位置因素;同城的备用供应商到其他受灾点的运输成本相同,但是具有不同物资可供应量。防御者可以选择多个备用供应商,模型根据防御者的备用供应商选择策略带来的效果评价不同备用供应商的综合能力,所采取的备用选择策略带来的系统总成本越低,表示被该策略启用的备用供应商越优,带来的应急供应链抗逆力水平越高。

（7）储备点的选择。

在灾前预防阶段,防御者可以给受灾点配置应急物资储备。在本研究模型中,在物资预先储备方面的成本投入也是系统总成本的一部分。灾区范围内的各个城镇(受灾点)都可以选择建立应急物资储备点,从而产生应急储备仓库的修建和维护成本;但是储备物资可以在灾后早期阶段缓解部分受灾点对供应商物资的依赖,降低向供应商采购所需的成本。所以防御者需要在储备成本和运输成本之间进行权衡,选择合适的应急物资储备点,从而增加物资储备策略对抗逆力的提升效果。

第三节　应急供应链抗逆力的 M-DAD 模型

为了刻画灾害攻击和灾区应急供应链响应之间的博弈关系,构建基于攻击者和防御者关系的序贯模型,反映应急供应链系统有效应对灾害打击、抗击中断风险的抗逆行为机制。

一、符号说明

构建 M-DAD 模型所用的标记、决策变量、参数定义及含义如下。

（1）标记。

$i \in I$,主供应商集合;$j \in J$,受灾点集合;$b \in B$,备用供应商集合;$k \in K$,应急物品类型;$t \in T$,时间阶段。

（2）决策变量。

x_b,如果采用备用供应商 $b \in B$ 则为 1,反之为 0;y_{it},如果主供应商 $i \in I$ 在

时段 t 遭到攻击而导致物资可供应量下降则为 1，反之为 0。相比于 M-AD 模型，M-DAD 模型的决策变量 y 增加了时间阶段标记，体现攻击者的多阶段进攻；r_j，如果受灾点 $j \in J$ 配有应急储备仓库则为 1，反之为 0。u_{ijkt}，在时段 t 未受攻击的主供应商 i 向受灾点 j 的物品 k 供应量。u'_{ijkt}，时段 t 受到攻击的主供应商 i 向受灾点 j 的物品 k 供应量。u_{bjkt}，时段 t 备用供应商 b 向受灾点 j 的物品 k 供应量。u''_{jkt}，受灾点 j 在时段 t 从储备仓库获得的物资 k 的数量。s_{jkt}，时段 t 受灾点 j 的物品 k 短缺量。

（3）参数。

d_{jkt}，时段 t 受灾点 j 对于物品 k 的需求量；v_k，物品 k 的单位运输成本；e_{ij}，从主供应商 i 到受灾点 j 的运输距离；e_{bj}，从备用供应商 b 到受灾点 j 的运输距离；p_k，受灾点出现物品 k 短缺的惩罚单位成本；q_j，受灾点 j 对物资储备仓库的维护成本；c_{ikt}，未受损情况下时段 t 主供应商 i 的物品 k 原定可供应总量；c_{ikt}^*，未受损情况下时段 t 主供应商 i 的物品 k 实际可供应总量；c'_{ikt}，受损情况下时段 t 主供应商 i 的物品 k 原定可供应总量；c'^{*}_{ikt}，受损情况下时段 t 主供应商 i 的物品 k 实际可供应总量；c_{ibkt}，时段 t 备用供应商 b 的物品 k 原定可供应总量；c_{ibkt}^*，时段 t 备用供应商 b 的物品 k 实际可供应总量；c''_{jk}，受灾点 j 原有物资 k 储备量。

二、模型构建

按照防御、攻击、防御的行动顺序，分阶段解释 M-DAD 模型构建过程。

1. 多阶段攻击的攻击—防御（M-AD）模型

首先考虑基本的防御模型，在该情形下，攻击者不会对主供应商发起攻击，防御者采取备用供应商策略应对主供应商物资不足的问题。该模型的决策变量只有备用供应商是否被选择、物资运输量与物资短缺量。防御者以总成本最小为目标，如式（7.1）和（7.2），目标函数的总成本包括主供应商、备用供应商的物资运输成本，以及受灾点出现物资短缺的惩罚成本。

$$\min_{x,u,s} z_D \tag{7.1}$$

$$z_D = \sum_{\substack{i \in I, j \in J, \\ k \in K, t \in T}} u_{ijkt} v_k e_{ij} + \sum_{\substack{b \in B, j \in J, \\ k \in K, t \in T}} u_{bjkt} v_k e_{bj} + \sum_{\substack{j \in J, k \in K \\ t \in T}} p_k s_{jkt} \tag{7.2}$$

在防御模型的基础上考虑攻击者行动，因此增加攻击主供应商的决策变量。攻击者先行动，以总成本最大为目标函数，然后防御者采取防御措施，所以目标函数为 Max-Min 二级形式,如式(7.3)。在式(7.2)的基础上将总成本修改为式(7.4),在运输成本中需要分别考虑未受损和受损的主供应商。完整的 M-AD 模型如下。

$$\max_{y} \min_{x,u,s} z_{AD} \tag{7.3}$$

$$z_{AD} = f_{AD}(y,u,s)$$
$$= \sum_{\substack{i \in I, j \in J, \\ k \in K, t \in T}} (1-y_{it})u_{ijkt}v_k e_{ij} + \sum_{\substack{i \in I, j \in J, \\ k \in K, t \in T}} y_{it}u'_{ijkt}v_k e_{ij} + \sum_{\substack{b \in B, j \in J, \\ k \in K, t \in T}} u_{bjkt}v_k e_{bj} + \sum_{\substack{j \in J, \\ t \in T}} p_k s_{jkt} \tag{7.4}$$

$s.\ t.$

$$\sum_{j \in J} u_{ijkt} \leqslant c^*_{ikt}, \forall i \in I, k \in K, t \in T \tag{7.5}$$

$$\sum_{j \in J} u'_{ijkt} \leqslant c'^*_{ikt}, \forall i \in I, k \in K, t \in T \tag{7.6}$$

$$x_b \sum_{j \in J} u_{bjkt} \leqslant x_b c^*_{bkt}, \forall b \in B, k \in K, t \in T \tag{7.7}$$

$$c^*_{ikt} = c_{ikt}, t=1, \forall i \in I, k \in K \tag{7.8}$$

$$c^*_{ikt} = c_{ikt} + c^*_{ik,t-1} - \sum_{j \in J} u_{ijk,t-1}, \forall i \in I, k \in K, t=2,3,\cdots,T \tag{7.9}$$

$$c'^*_{ikt} = c'_{ikt}, t=1, \forall i \in I, k \in K \tag{7.10}$$

$$c'^*_{ikt} = c'_{ikt} + c'^*_{ik,t-1} - \sum_{j \in J} u'_{ijk,t-1}, \forall i \in I, k \in K, t=2,3,\cdots,T \tag{7.11}$$

$$c^*_{bkt} = c_{bkt}, t=1, \forall b \in B, k \in K \tag{7.12}$$

$$c^*_{bkt} = c_{bkt} + c^*_{bk,t-1} - \sum_{j \in J} u_{bjk,t-1}, \forall b \in B, k \in K, t=2,3,\cdots,T \tag{7.13}$$

$$\sum_{i \in I} (1-y_{it})u_{ijkt} + \sum_{i \in I} y_{it}u'_{ijkt} + \sum_{i \in I, b \in B} x_b u_{bjkt} + s_{jkt} = d_{jkt}, \forall j \in J, k \in K, t \in T \tag{7.14}$$

$$x_b = \{0,1\}, \forall b \in B \tag{7.15}$$

$$y_{it} = \{0,1\}, \forall i \in I, t \in T \tag{7.16}$$

$$u_{ijkt}, u'_{ijkt}, u_{bjkt} \geqslant 0, \forall i \in I, j \in J, b \in B, t \in T \tag{7.17}$$

$$s_{jkt} \geqslant 0, \forall j \in J, k \in K, t \in T \tag{7.18}$$

其中,式(7.5)—(7.7)分别对未受攻击的主供应商、被攻击的主供应商、被选择的备用供应商在每个时段的总供应量进行约束;式(7.8)—(7.13)分别体现主供应商和备用供应商分时段运送物资的后续共享原则,将上一阶段的剩余物资用于下一阶段继续供应。式(7.14)表示受灾点接收物资与其物资需求量的平衡,并计算其短缺量。式(7.15)和(7.16)提供决策变量的二元整数约束,式(7.17)和(7.18)提供决策变量的非负约束。

2. 防-攻-防(M-DAD)模型

在 M-AD 模型基础上建立完整的 M-DAD 模型,将预先物资储备点选择策略作为防御者预先采取的行动,因此要在式(7.3)的基础上构建 Min-Max-Min 三阶目标函数,如式(7.19),第一个 Min 函数表示防御者通过灾前预防阶段选择合适的储备点,使得灾后的总成本最小化;Max 函数表示攻击者在防御者的灾前措施情形下选择攻击合适的主供应商,使得该情形下防御者需要付出的总成本最高;第二个 Min 函数表示防御者在主供应商遭到攻击之后通过选择合适的备用供应商,使得相应攻击情形下的总成本最低。同时,在系统总成本中增加储备点的维护成本,如式(7.20)。

$$\min_{r\in R}\max_{y\in Y}\min_{x\in X(r),u\in U(r),s\in S(r)} z_{DAD} \tag{7.19}$$

$$\begin{aligned}z_{DAD} &= f(r,y,u,s)\\ &= \sum_{\substack{i\in I,j\in J,\\k\in K,t\in T}}(1-y_{it})u_{ijkt}v_k e_{ij} + \sum_{\substack{i\in I,j\in J,\\k\in K,t\in T}}y_{it}u'_{ijkt}v_k e_{ij} + \sum_{\substack{b\in B,j\in J,\\k\in K,t\in T}}u_{bjkt}v_k e_{bj}\\ &\quad + \sum_{\substack{j\in J,k\in K\\t\in T}}p_k s_{jkt} + \sum_{j\in J}r_j q_j\end{aligned} \tag{7.20}$$

s. t.

(7.5)—(7.12), (7.14)—(7.18)

$$\sum_{i\in I}(1-y_{it})u_{ijkt} + \sum_{i\in I}y_{it}u'_{ijkt} + \sum_{i\in I,b\in B}x_b u_{bjkt} + r_j u''_{jkt} + s_{jkt} = d_{jkt}, \forall j\in J, k\in K, t\in T \tag{7.21}$$

$$\sum_{t\in T}u''_{jkt}\leqslant r_j c''_{jk}, \forall j\in J, k\in K \tag{7.22}$$

$$r_j = \{0,1\}, \forall j\in J \tag{7.23}$$

$$u''_{jkt}\geqslant 0, \forall j\in J, b\in B, t\in T \tag{7.24}$$

在 M-AD 模型的约束条件基础上,将式(7.14)修改为式(7.21),在受灾点的物资来源中增加来自储备点的物资。此外,增加约束条件(7.22)—(7.24),其中,式(7.22)表示各时段从储备点发放的物资量总和不应超过该储备点的物资储备量,(7.23)对储备点选择策略提供二元整数约束,(7.24)是储备点物资发放量的非负约束。

三、模型求解

M-DAD 模型是一个 Min-Max-Min 三级目标的混合整数非线性优化问题,参考 Alderson(2018)求解同类问题的算法,将两个 Min 问题合并,把三级目标转化为更为简单的 Min-Max 二级目标问题。然后把 Min-Max 问题分解为主问题和子问题,在给定一组 y 的 M 个可行解集合 $\hat{Y}^M = \{\hat{y}^1, \hat{y}^2, \cdots, \hat{y}^M\}$ 范围内,可以构建一个松弛的 M-DAD 主问题,如下:

$$z^*(\hat{Y}^M) = \min_{r \in R, x^1, \cdots, x^M, u^1, \cdots, u^M, s^1, \cdots, s^m} z \tag{7.25}$$

$s.t.$

$$z \geq f(\hat{y}^m, u^m, s^m) \quad \forall\ \hat{y}^m \in \hat{Y}^M \tag{7.26}$$

$$x^m \in X(\hat{r}) \quad \text{for } m = 1, \cdots, M \tag{7.27}$$

$$u^m \in U(\hat{r}) \quad \text{for } m = 1, \cdots, M \tag{7.28}$$

$$s^m \in S(\hat{r}) \quad \text{for } m = 1, \cdots, M \tag{7.29}$$

以 ε_{MP} 表示主问题的优化间隙,z_{MP}^{IO} 和 z_{MP}^{UP} 分别为 z 的下界和上界,当模型迭代至 $z_{MP}^{UP} - z_{MP}^{IO} \leq \varepsilon_{MP} z_{MP}^{IO} D$ 时求解结束,得出最优解。具体的求解算法过程如下。

输入:完整的 M-DAD 问题,DAD 主问题,AD 子问题,主问题优化间隙 ε_{MP},AD 子问题优化间隙 ε_{AD},整体优化间隙 ε。

输出:ε 优化度下的防御方案 r^*,x^* 和相应的攻击方案 y^*。

(1) $LB \leftarrow -\infty, UB \leftarrow \infty, M \leftarrow 1$。

(2) 给定一组 r^* 的初始值,即 $\hat{r}^M$。本研究求解时假定初始值均为 0。

(3) 子问题:求解 AD 子问题,决定相应 $\hat{r}^M$ 条件下的 $\hat{y}^M$ 和 $\hat{x}^M$,使得 $z_{AD}^{UP} - z_{AD}^{IO} \leq \varepsilon_{AD} z_{AD}^{IO}$。

(4) 如果 $z_{AD}^{UP} < UB$,则 $UB \leftarrow z_{AD}^{UP}, r^* \leftarrow \hat{r}^M, y^* \leftarrow \hat{y}^M, x^* \leftarrow \hat{x}^M$。

(5) 如果 $UB - LB \leq \varepsilon LB$,则结束,输出最优解。

(6) $\hat{Y}^M \leftarrow \hat{Y}^{M-1} \bigcup \{\hat{y}^M\}$。

(7) 主问题:求解 M - DAD 主问题,得出防御计划 $\hat{r}^{M+1}$,使得 $z_{MP}^{UP} - z_{MP}^{IO} \leq$

$\varepsilon_{MP} z_{MP}^{LO}$。

(8) 如果 $z_{MP}^{LO} < LB$,则 $LB \leftarrow z_{MP}^{LO}$。

(9) 如果 $UB - LB \leqslant \varepsilon LB$,则结束,输出最优解。

(10) $M \leftarrow M + 1$,转向解决子问题。

(11) 结束:输出 ε 优化度下的防御方案 r^*, x^* 和相应的攻击方案 y^*。

本研究在 Python 3.5 环境中借助 Gurobi 7.0 工具包实现上述建模与求解过程。

第四节　案例分析

本节以汶川地震的问题背景为案例,利用 M-DAD 抗逆力模型进行数值分析,反映 M-DAD 模型在应急供应链抗逆力评价中的应用过程,从而分析增强抗逆力的应急物资配置措施,进一步为应急管理决策者提出抗逆力提升策略。

一、案例描述

2008 年汶川地震对我国造成的直接经济损失高达 8 452.1 亿元,占我国当年 GDP 的 2.63%,对灾区乃至全国都造成了巨大的经济与财产损失。如果能够有效提升应急供应链抗逆力,减少灾害造成的应急物资中断风险,改善应急供应链在灾害多阶段攻击情形下的适应能力,从而降低在应急物资运输方面的经济成本,一方面能够通过节约救灾成本,减少灾害造成的经济损失;另一方面,灾区能够以较小的经济投入获得较高的灾区物资可及性,从而实现整个地区灾害抗逆力的提升。

为了分析汶川地震应急情形下的应急供应链抗逆力问题,选取汶川地震中四川省受灾较严重的 19 个市/县作为受灾点,分别记为 D1—D19。应急物资包括医疗用品和食品两类,分别记为 K1 和 K2,假定短缺时的单位惩罚成本分别为 100 和 60。假定救灾分为 5 个阶段,分别记为 T1—T5。表 7 - 1 是各个受灾点在各时间段的两类物资需求量数据。决策者可以从所有受灾点中选择应急储备仓库的配置点,假定所有储备仓库的应急医疗用品储备件数应为当地人口数量的 10%,食品储备件数应为当地人口数量的 20%,由四川省统计年鉴获得人口数据计算得到各应急物资仓库应有的各类物资储备量,如表 7 - 2 所示。假设储备物资维护的单位成本是每件 0.2。

假设四个灾情较轻的城市拥有应急物资供应商。C 市（MS1 和 MS2）和 G 市（MS3 和 MS4）的供应商作为主供应商，MS1 和 MS3 的物资可供应量较多，但受袭后需 2 个时段恢复；MS2 和 MS4 的可供应量较少，但受袭后只需 1 个时段恢复。Y 市（BS1 和 BS2）和 Z 市（BS3 和 BS4）的供应商作为备用，BS1 和 BS3 的可供应量较多，BS2 和 BS4 的可供应量较少。表 7-3 是各个供应商在各时段的物资原定可供应量。假设主供应商受袭后，物资可供应量降为原本的 20%。两类物资从供应商到受灾点的单位运输成本分别为 0.3 和 0.06，为了便于计算，假设在同一个城市的供应商到各受灾点距离相同，即忽略城市内的交通距离，所以各供应商到各受灾点的运输距离就是供应商所在城市到受灾点所在城市的距离（城市间的运输距离数据查自"全国城市里程查询"https://licheng.supfree.net/）。

表 7-1　受灾点的两类物资需求量/100 件

受灾点编号	各时间阶段的物资需求量/100 件				
	T_1	T_2	T_3	T_4	T_5
D_1	1 211, 3 027	1 038, 2 594	519, 1 297	346, 865	346, 865
D_2	1 277, 3 191	1 095, 2 736	548, 1 368	365, 912	365, 912
D_3	340, 849	291, 728	146, 364	97, 243	97, 243
D_4	542, 1 353	464, 1 160	232, 580	155, 387	155, 387
D_5	287, 717	246, 614	123, 307	82, 205	82, 205
D_6	154, 384	132, 330	66, 165	44, 110	44, 110
D_7	472, 1180	405, 1 011	203, 506	135, 337	135, 337
D_8	1 126, 2 813	965, 2 412	483, 1 206	322, 804	322, 804
D_9	202, 506	174, 433	87, 217	58, 145	58, 145
D_{10}	351, 877	301, 752	151, 376	101, 251	101, 251
D_{11}	1 120, 2 800	960, 2 400	480, 1 200	320, 800	320, 800
D_{12}	57, 142	49, 121	25, 61	17, 41	17, 41
D_{13}	12, 28	10, 24	5, 12	4, 8	4, 8

受灾点编号	各时间阶段的物资需求量/100 件				
	T_1	T_2	T_3	T_4	T_5
D_{14}	23,56	20,48	10,24	7,16	7,16
D_{15}	10,23	8,20	4,10	3,7	3,7
D_{16}	268,668	230,573	115,287	77,191	77,191
D_{17}	15,36	13,31	7,16	5,11	5,11
D_{18}	19,47	17,41	9,21	6,14	6,14
D_{19}	9,20	7,18	4,9	3,6	3,6

注:每格中的两个数字依次表示 K_1 和 K_2 的需求量。

表 7-2　各受灾点应急储备仓库应有的物资储备量/100 件

受灾点	D_1	D_2	D_3	D_4	D_5	D_6	D_7	D_8	D_9	D_{10}
K_1	105	513	160	248	109	609	510	187	795	879
K_2	210	1026	320	496	218	1218	1020	374	1590	1758

受灾点	D_{11}	D_{12}	D_{13}	D_{14}	D_{15}	D_{16}	D_{17}	D_{18}	D_{19}	
K_1	431	45	3 445	4 932	3 742	7 421	3 837	3 525	4 238	
K_2	862	90	6 890	9 864	7 484	14 842	7 674	7 050	8 476	

表 7-3　供应商的各类物资原定可供应量/100 件

供应商编号	供应商所在城市	时间阶段					恢复时间
		T_1	T_2	T_3	T_4	T_5	
MS_1	C 市	1 028,2 685	2 398,6 265	1 370,3 580	1 028,2 685	1 028,2 685	2
MS_2	C 市	570,1 440	1 330,3 360	760,1 920	570,1 440	570,1 440	1
MS_3	G 市	735,1 425	1 715,3 325	980,1 900	735,1 425	735,1 425	2
MS_4	G 市	390,975	910,2 275	520,1 300	390,975	390,975	1
BS_1	Y 市	795,1 485	1 855,3 465	1 060,1 980	795,1 485	795,1 485	—
BS_2	Y 市	525,1 230	1 225,2 870	700,1 640	525,1 230	525,1 230	—
BS_3	Z 市	611,1 335	1 425,3 115	814,1 780	611,1 335	611,1 335	—
BS_4	Z 市	390,765	910,1 785	520,1 020	390,765	390,765	—

注:每格中的两个数字依次表示 K1 和 K2 的可供应量。

恢复时间为单位时间,仿真模型可根据实际情况对单位进行调整。

二、案例结果分析

将案例数据代入 M-DAD 模型,设定所有优化间隙 $\varepsilon = \varepsilon_{MP} = 0.01$, $\varepsilon_{AD} = 0.001$,得出模型计算结果,然后基于模型结果进行应急供应链抗逆力提升策略分析。总成本的改变能够反映抗逆力水平变化,在受攻击情形相同时,如果防御者的策略能够使得总成本降低,则表示满足物资需求的能力增强,抗逆力水平提高;反之则表示抗逆力水平下降。

1. 储备点选择策略

备用供应商选择策略相同时,限定储备点数量,得出相应情形下的最优储备点选择策略及其总成本,如表 7-4 所示。抗逆力并非总是随着储备点数量增多而增强,储备投入增加未必带来抗逆力提升。决策者应根据实情选择合适的储备点,确保储备投入转化为所需的供应链抗逆力。

表 7-4　采取不同储备点数量时的储备点选择最优策略

选择储备点数量	所选储备点编号	总成本
0	—	1 984 714
1	12	1 553 514
2	1,12	1 460 505
3	1,5,12	1 784 274
4	1,3,5,12	2 022 574
5	1,3,5,8,12	1 533 354
6	1,3,4,5,8,12	1 872 974
7	1,3,4,5,8,11,12	1 885 610
8	1,3,4,5,7,8,11,12	1 377 610

注:表中所有情形均采用 BS1 和 BS3 作为备用供应商,4 个主供应商均被攻击。

上述分析了不同储备点选择策略获得的结果。接下来将选择 5 个储备点的情况下,基于抗逆力提升效果分别分析防御者的备用供应商选择策略和关键主供应商。

2. 备用供应商选择策略

当受袭主供应商数量不同、防御者采用不同数量的备用供应商时,各类情形下的总成本如图7-1所示。0个备用供应商对应的曲线可以作为抗逆力水平基线,表示不采用任何备用计划时的总成本水平,随着不同备用供应商被启用,总成本水平将会在基线的基础上产生变化,所以不同曲线体现不同备用供应商数量带来的抗逆力相对程度。总体上,当受袭的主供应商数量相同时,采用备用供应商数

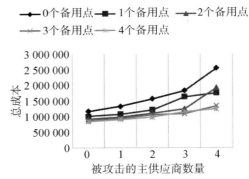

图7-1 备用供应商选择策略的抗逆力分析

量越多,总成本越低,但是当受袭主供应商数量为3或4时存在例外情况,此时在备用方面增加的投入没有带来抗逆力提升。防御者可根据实际情况在备用点投入和抗逆力提升水平之间进行权衡,从而决定合适的备用供应商选择策略。

除了备用供应商的数量之外,具体选择哪些备用供应商也是关键。以两个备用供应商间的选择为例,如果在 BS_1 和 BS_4 之间选择一个作为备用,在不同攻击情形下所需的总成本见表7-5。

表7-5 不同攻击情形下选择不同备用供应商的总成本

被攻击的主供应商数量	被攻击的主供应商编号	所选备用供应商	总成本
0	—	BS_1	1 009 477
	—	BS_4	1 092 421
2	MS_1,MS_3	BS_1	1 772 781
	MS_1,MS_3	BS_4	2 014 845
	MS_2,MS_4	BS_1	1 191 614
	MS_2,MS_4	BS_4	1 447 665
4	MS_1,MS_2,MS_3,MS_4	BS_1	2 174 281
	MS_1,MS_2,MS_3,MS_4	BS_4	2 072 445

如表7-5所示,当攻击者不攻击或者仅攻击2个主供应商时,选择物资可供应量较高的 BS_1(Y市)作为备用更优;但是当所有主供应商均受袭时,选择

BS_4（Z市）更优。在该情形下，当受袭主供应商较少时，应选择物资可供应量较高者作为备用；反之，备用供应商的位置更为关键。

3. 关键供应商识别

如果某一主供应商受袭后对系统总成本的影响越大，则表示该主供应商对于系统越关键。图7-2表示当攻击者仅攻击一个主供应商时，采取不同攻击策略的总成本。总体来看，在同城供应商之间，物资可供应量较高的 MS_1 和 MS_3 被攻击导致的总成本较高，表示它们的关键程度较高，可见主供应商物资供应量对于系统脆弱性的影响。当备用供应商较少时，MS_1 最关键。但是当备用供应商数量为4时，虽然 MS_1 的物资可供应量高于 MS_3，但是 MS_3（G市）比 MS_1（C市）更关键，说明此时主供应商位置更为重要。防御者可依据主供应商的位置和物资可供应量之间的权衡，识别关键主供应商，加强对关键主供应商的保护，从而增强应急供应链抗逆力。

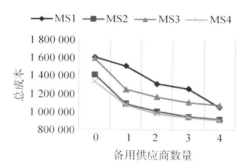

图7-2　关键主供应商识别

当被攻击主供应商的数量相同时，攻击不同主供应商所产生的总成本也有所差异，此时关键主供应商的识别还受到储备点策略的影响。以表7-6中的结果为例。

表7-6　不同攻击情形下采取不同储备点选择策略的总成本

受袭的主供应商数量	受袭的主供应商	总成本		
		2个储备点	5个储备点	10个储备点
3	MS_1，MS_2，MS_3	1 983 123	1 910 163	777 423
	MS_1，MS_2，MS_4	1 232 578	1 648 663	1 350 285
	MS_1，MS_3，MS_4	1 727 991	1 833 663	1 372 784
	MS_2，MS_3，MS_4	1 215 030	1 249 210	779 383

受袭的主 供应商数量	受袭的主 供应商	总成本		
		2 个储备点	5 个储备点	10 个储备点
2	MS_1,MS_2	1 563 493	1 490 533	1 197 475
	MS_1,MS_3	1 480 223	1 671 163	1 372 785
	MS_1,MS_4	1 496 384	1 423 423	1 130 365
	MS_2,MS_3	1 322 170	1 249 210	971 658
	MS_2,MS_4	1 137 001	1 108 798	786 488
	MS_3,MS_4	1 293 778	1 220 818	926 628

注:表中所有情形均采用 BS_1 和 BS_3 作为备用供应商。

如表 7-6 所示,表中的阴影部分对应的是在储备点数量相同、备用供应商相同(均采用 BS_1 和 BS_3 作为备用供应商)、攻击主供应商数量相同情形下,导致系统成本最大的攻击策略。如果限定攻击 3 个主供应商,当储备点较少时,攻击 $\{MS_1,MS_2,MS_3\}$ 可使得系统脆弱性最高;当储备点较多时,攻击 $\{MS_1,MS_3,MS_4\}$ 导致的脆弱性最高。MS_2 和 MS_4 的恢复时间相同,但是所处位置不同,MS_2 的可供应量高于 MS_4,可见此时关键供应商的评价将在位置和物资可供应量之间进行权衡。同理,如果限定攻击 2 个主供应商,关键供应商的评价将在位置和恢复时间之间进行权衡,储备点数量较少时,恢复时间短的 MS_2 更关键;储备点数量较多时,MS_3 则更关键。

4. 抗逆力提升策略

上述案例为应急管理决策者提供了如何展开应急物资供应链抗逆力提升策略分析的方法和过程。以该案例为例,基于上述结果的数据分析,总结出在该案例情境下使得灾区抗逆性能提升的储备点选择、备用供应商选择、关键供应商识别的综合策略,为应急管理决策者根据实际情况进行决策提供了指导方向。具体的策略如下。

第一,在物资储备点的选择方面,应急供应链抗逆力水平并非总是随着储备点数量增多而增强,这意味着在储备点方面的投入增加未必总是能够带来应急供应链抗逆力水平的提升。决策者应根据实情选择合适的储备点,确保应急物资储备投入向应急供应链抗逆力的转化效果。

第二,在备用供应商的选择方面,总体上,当受袭的主供应商数量相同时,采用备用供应商数量越多,总成本越低,但是存在例外情形。当受袭的主供应商数量较少时,备用供应商的物资可供应量更为关键,应选择物资可供应量较高者作为备用供应商;但是当受袭的主供应商数量较多时,备用供应商的位置更为关键,应使得备用供应商的位置能够覆盖更多面临物资中断风险的需求点。

第三,在关键供应商的识别方面,总体来看,在同城供应商之间,即供应商位置相近时,物资可供应量较高的主供应商更为关键。但是当备用供应商较少时,主供应商位置更为重要。应急管理决策者可依据主供应商的位置和物资可供应量之间的权衡,识别关键主供应商,加强对关键主供应商的保护从而增强应急供应链抗逆力。

第四,决策者不应孤立地考虑某一项中断应对策略,而应该对多种策略进行综合权衡。当被攻击主供应商的数量相同时,攻击不同主供应商所产生的总成本也有所差异,此时关键主供应商的识别还受到储备点策略的影响。

参考文献

1. [德]斐迪南·滕尼斯. 共同体与社会——纯粹社会学的基本概念[M]. 林荣远,译. 北京:商务印书馆, 1999:52 - 54.

2. 连玉明. 汶川案例:应急篇[M]. 北京:中国时代经济出版社,2009.

3. 葛全胜,邹铭,郑景云,等. 中国自然灾害风险综合评估初步研究[M]. 北京:科学出版社,2008:102 - 233.

4. 时浩. 第一讲 社区是什么[J]. 社区,2001(C2).

5. 夏建中. 社区概念与我国的城市社区建设[J]. 江南论坛, 2011(8):7 - 8.

6. 商彦蕊. 灾害脆弱性概念模型综述[J]. 灾害学, 2013, 28(1): 112 - 116.

7. 朱华桂. 论风险社会中的社区抗逆力问题[J]. 南京大学学报(哲学·人文科学·社会科学版),2012(5):47 - 53.

8. 朱华桂. 论社区抗逆力的构成要素和指标体系[J]. 南京大学学报(哲学·人文科学·社会科学),2013(5):68 - 74.

9. 夏保成. 西方国家公共安全管理的理论与原则刍议[J]. 河南理工大学学报(社会科学版),2006,7(1): 1 - 6.

10. 郭太生. 美国公共安全危机事件应急管理研究[J]. 中国人民公安大学学报, 2003(6): 16 - 25.

11. 丁英. 国际减灾日的由来[J]. 中华护理杂志,2005, 40 (4): 270.

12. 刘家国, 姜兴贺, 赵金楼. 基于解释结构模型的供应链弹性系统研究[J]. 系统管理学报, 2015, 24(4): 617 - 623.

13. 蔡葳. 危机管理中的社区功能探析——以上海市黑山社区参与抗"非典"为例[D]. 上海:复旦大学,2009.

14. 么璐璐. 江苏省重大事故应急救援体系的建立与计算机管理系统的研制[D]. 南京:南京理工大学,2005.

15. 徐波. 城市防灾减灾规划研究[D]. 上海：同济大学经济与管理学院,2007.

16. 吕元. 城市防灾空间系统规划策略研究[D]. 北京：北京工业大学,2005.

17. GORDON J. Structures[M]. Harmondsworth, UK: Penguin Books, 1978.

18. NORRIS, F. H. & S. P. STEVENS. Community resilience as a metaphor, theory, set of Capacities, and strategy for disaster readiness. American Journal of Community Psychology, 2008.

19. RONAN K. Promoting community resilience in disasters: the role for schools, youth, and families[M]. Springer US, 2005.

20. CHAMBERS R, CONWAY G. Sustainable rural livelihoods: practical concepts for the 21st century [M]. Institute of Development Studies (UK), 1992.

21. GREEN G P, HAINES A. Asset building & community development [M]. Sage publications, 2015.

22. BUCKLE P, MARSH G, SMALE S. Assessing resilience & vulnerability: principles, strategies & actions[M]. Emergency Management Australia, 2001: 132 - 150.

23. RONAN K, JOHNSTON D. Promoting community resilience in disasters: the role for schools, youth, and families[M]. Springer Science & Business Media, 2005.

24. CHAMBERS R, CONWAY G. Sustainable rural livelihoods: practical concepts for the 21st century [M]. Institute of Development Studies (UK), 1992.

25. GODSCHALK D, BEATLEY T, BERKE P, et al. Natural hazard mitigation: recasting disaster policy and planning[M]. Island Press, 1998.

26. LINDELL M K, PERRY R W. Behavioral foundations of community emergency planning[M]. Hemisphere Publishing Corp, 1992.

27. HADDOW G, BULLOCK J, COPPOLA D P. Introduction to emergency management[M]. Butterworth - Heinemann, 2017.

28. COLEMAN J S, COLEMAN J S. Foundations of social theory[M]. Harvard university press, 1994.

29. PUTNAM R D. Bowling alone: The collapse and revival of American community[M]. Simon and Schuster, 2001.

30. BODIN P, WIMAN B L B. The usefulness of stability concepts in forest management when coping with increasing climate uncertainties[J]. Forest Ecology and Management, 2007, 242(2): 541 – 552.

31. HOLLING C S. Resilience and stability of ecological systems[J]. Annual review of ecology and systematics, 1973, 4: 1 – 23.

32. WALLER M A. Resilience in ecosystemic context: evolution of the concept[J]. American Journal of Orthopsychiatry, 2001, 71(3): 290 – 297.

33. KLEIN R J T, NICHOLLS R J, THOMALLA F. Resilience to natural hazards: how useful is this concept? [J]. Global Environmental Change Part B: Environmental Hazards, 2003, 5(1): 35 – 45.

34. LONGSTAFF P H. Security, resilience, and communication in unpredictable environments such as terrorism, natural disasters, and complex technology[J]. Center for Information Policy Research, Harvard University, 2005.

35. BRUNEAU M, CHANG S E, EGUCHI R T, et al. A framework to quantitatively assess and enhance the seismic resilience of communities[J]. Earthquake spectra, 2003, 19(4): 733 – 752.

36. GODSCHALK D R. Urban hazard mitigation: creating resilient cities[J]. Natural hazards review, 2003, 4(3): 136 – 143.

37. BROWN D D, KULIG J C. The concepts of resiliency: Theoretical lessons from community research[J]. 1996.

38. GANOR M, BEN – LAVY Y. Community resilience: lessons derived from Gilo under fire[J]. Journal of Jewish Communal Service, 2003, 79(2/3): 105 – 108.

39. AHMED R, SEEDAT M, VAN NIEKERK A, et al. Discerning community resilience in disadvantaged communities in the context of violence and injury prevention[J]. South African Journal of Psychology, 2004, 34(3): 386.

40. EGELAND B, CARLSON E, SROUFE L A. Resilience as process[J]. Development and psychopathology, 1993, 5: 517 – 528.

41. MITCHELL J K, DEVINE N, JAGGER K. A contextual model of natural hazard[J]. Geographical Review, 1989: 391 – 409.

42. LUERS A L, LOBELL D B, SKLAR L S, et al. A method for quantifying vulnerability, applied to the agricultural system of the Yaqui Valley, Mexico[J]. Global environmental change, 2003, 13(4): 255 – 267.

43. LUERS A L. The surface of vulnerability: an analytical framework for examining environmental change [J]. Global Environmental Change, 2005, 15(3): 214 – 223.

44. MAGUIRE, BRIGIT, HAGAN, PATRICK. Disasters and communities: understanding social resilience[J]. australian journal of emergency management, 2007, 22(2).

45. CUTTER S L, FINCH C. Temporal and spatial changes in social vulnerability to natural hazards[J]. Proceedings of the National Academy of Sciences, 2008, 105(7): 2301 – 2306.

46. CUTTER S L, BURTON C G, EMRICH C T. Disaster resilience indicators for benchmarking baseline conditions[J]. Journal of Homeland Security and Emergency Management, 2010, 7(1), 1 – 22.

47. TOBIN G. Sustainability and community resilience: the holy grail of hazards planning? [J]. Global Environmental Change Part B Environmental Hazards, 1999, 1(1):13 – 25.

48. LINDELL M K, PRATER C S. Assessing community impacts of natural disasters[J]. Natural hazards review, 2003, 4(4): 176 – 185.

49. FOLKE C, CARPENTER S, ELMQVIST T, et al. Resilience and sustainable development: building adaptive capacity in a world of transformations [J]. AMBIO: A journal of the human environment, 2002, 31(5): 437 – 440.

50. TURNER B L, KASPERSON R E, MATSON P A, et al. A Framework for Vulnerability Analysis in Sustainability Science[J]. Proceedings of the National Academy of Sciences of the United States of America, 2003, 100(14): 8074 – 8079.

51. CUTTER S L, MITCHELL J T, SCOTT M S. Revealing the vulnerability

of people and places: a case study of Georgetown County, South Carolina[J]. Annals of the Association of American Geographers, 2000, 90(4): 713 - 737.

52. MORROW B H. Identifying and mapping community vulnerability[J]. Disasters, 1999, 23(1): 1 - 18.

53. ALDRICH D P. The power of people: social capital's role in recovery from the 1995 Kobe earthquake[J]. Natural hazards, 2010, 56(3):595 - 611.

54. NEVIN A. Homwownership in California: a CBIA economic treatice[J]. California Building Industry Association, California, 2006.

55. ADGER W N, EAKIN H, WINKELS A. Nested and teleconnected vulnerabilities to environmental change[J]. Frontiers in Ecology and the Environment, 2008, 7(3): 150 - 157.

56. MAYUNGA J S. Understanding and applying the concept of community disaster resilience: a capital - based approach[J]. Summer Academy for Social Vulnerability and Resilience Building, 2007: 1 - 16.

57. CHURIWALA B L, CHURIWALA S. Disaster management for hazardous chemicals: a realistic approach[J]. Indian Chemical Engineer, 2007, 49(1): 54 - 62.

58. SHAW R, KOBAYASHI K S H, KOBAYASHI M. Linking experience, education, perception and earthquake preparedness[J]. Disaster Prevention and Management, 2004, 13(1): 39 - 49.

59. NAKASHIMA M, CHUSILP P. A partial view of Japanese post - Kobe seismic design and construction practices[J]. Earthquake Engineering and Engineering Seismology, 2003, 4(1): 3 - 13.

60. TOBIN G. Sustainability and community resilience: the holy grail of hazards planning? [J]. Global Environmental Change Part B Environmental Hazards, 1999, 1(1):13 - 25.

61. LI K. Temporal changes of coastal community resilience in the Gulf of Mexico region[J]. 2011.

62. DEVELOPMENT D F I. Sustainable livelihoods guidance sheets [J].

1999.

63. BRODY, S. D. , & HIGHFIELD, W. Does planning work? Testing the implementation of local environmental planning in Florida[J]. Journal of the American Planning Association, 2005, 71(2), 159 - 175.

64. DYNES R R. The importance of social capital in disaster response[J]. 2002.

65. HAQUE C E, ETKIN D. People and community as constituent parts of hazards: the significance of societal dimensions in hazards analysis[J]. Natural Hazards, 2007, 41(2): 271 - 282.

66. BOURDIEU P, RICHARDSON J G. Handbook of theory and research for the sociology of education[J]. The forms of capital, 1986: 241 - 258.

67. PUTNAM R D. Tuning in, tuning out: the strange disappearance of social capital in America[J]. PS: Political science & politics, 1995, 28(4): 664 - 683.

68. LINDELL M K, PRATER C S. Assessing community impacts of natural disasters[J]. Natural hazards review, 2003, 4(4): 176 - 185.

69. SMITH R, SIMARD C, SHARPE A. A proposed approach to environment and sustainable development indicators based on capital [J]. Prepared for The National Round Table on the Environment and the Economy's Environment and Sustainable Development Indicators Initiative, Canada, 2001.

70. CUTTER S L, FINCH C. Temporal and spatial changes in social vulnerability to natural hazards[J]. Proceedings of the National Academy of Sciences, 2008, 105(7): 2301 - 2306.

71. CHRISTOPHER M, PECK H. Building the resilient supply chain[J]. International Journal off Logistics Management, 2004, 15(2): 1 - 13.

72. CHOWDHURY M M H, QUADDUS M. Supply chain readiness, response and recovery for resilience[J]. Supply Chain Management: An International Journal, 2016, 21(6): 709 - 731.

73. BROWN G G, CARLYLE W M, SALMERóN J, WOOD K. Defending critical infrastructure[J]. Interfaces, 2006, 36(6):530 - 544.

74. ALDERSON D L, BROWN G G, CARLYLE W M. Operational models of infrastructure resilience[J]. Risk Analysis, 2015, 35(4):562 - 586.

75. ALDERSON D L, BROWN G G, CARLYLE W M, et al. Assessing and improving the operational resilience of a large highway infrastructure system to worst - case losses[J]. Transportation Science, 2018, 52(4): 739 - 1034.

76. HOSSAIN S M N. Assessing human vulnerability due to environmental change: concepts and assessment methodologies[D]. Stockholm: Department of Civil and Environmental Engineering Royal Institute of Technology , 2001.

77. SHAW R, KOBAYASHI M. The role of schools in creating earthquake - safer environment[C]//OECD Workshop, Thessaloniki, 2001, 6:1 - 7.

78. GLAVOVIC B, SCHEYVENS R, OVERTON J. Waves of adversity, layers of resilience: Exploring the sustainable livelihoods approach [C]// Contesting development: pathways to better practice. Proceedings of the Third Biennial Conference of the Aotearoa New Zealand International Development Studies Network (DevNet). Palmerston North, New Zealand. 2002: 5 - 7.

后 记

2020年伊始，一场前所未见的新型冠状病毒肺炎（COVID-19）肆虐全球，给人类社会造成了不可估量的损失。针对愈演愈烈的疫情，联合国秘书长古特雷斯在2020年二十国集团远程视频峰会上直言，新冠病毒是自联合国成立以来面对的最大考验，生物恐怖已成为全人类的现实威胁，更大危机即将到来。

突发公共事件应急管理是一项复杂的非线性社会系统工程，涉及个人、组织、政府等多方利益关系，行为十分复杂。针对应急管理领域存在的缺乏抗逆力研究的问题，本研究从灾区自救的视角出发，在核心案例分析和实证调研基础上，揭示社区在抗灾过程中的脆弱性；探索社区抗逆力在自救过程中的作用，从社区外部环境、社区自身资源以及社区人员构成等方面进行分析，推演社区抗逆力运行的动态演化过程；构建社区抗逆力的评价指标体系，并从多个角度实证分析不同类型的灾害抗逆力多元评价质量体系，最终提出具有中国特色的、有助于提高社区抗逆力的灾害应对策略与政策建议。

尽管目前的书稿还存在着不足，但这毕竟是学习过程中的阶段性成果，也是进一步研究的起点，期待着能在后续的研究中，在与政府应急管理部门互动中开展更多的有价值的实证研究，以此为基础提出适合国情的具有较强操作性和实用性的防灾减灾应急管理政策建议，并能对政府突发灾害应急管理决策提供借鉴。

本书的出版首先要感谢我的已经毕业的研究生：吴丹、陈征、帅鑫、黄海燕、张阳阳、张辰、罗玉莹、王增建、闫晓晨、刘乡镇、潘雨辰等，他们在资料的收集、整理与实地调研中做了大量的辅助性研究工作,特别是吴丹同学在书稿后期的整理和完善工作中付出了艰辛的劳动。在编辑出版过程中,还要感谢南京师范大学出版社总编辑徐蕾、总编办主任朱海榕、编辑李思思女士的无私协助和大力支持。

最后衷心地感谢国家自然科学基金(批准号:72074110、71673130)提供的项目支持。

朱华桂

2020 年 6 月

于南京大学协鑫楼